建筑市政工程施工管理研究

孙丽平　周传龙　蔡喜梅　著

吉林科学技术出版社

图书在版编目（CIP）数据

建筑市政工程施工管理研究 / 孙丽平，周传龙，蔡
喜梅著 . -- 长春：吉林科学技术出版社，2024.5
ISBN 978-7-5744-1404-4

Ⅰ . ①建⋯ Ⅱ . ①孙⋯ ②周⋯ ③蔡⋯ Ⅲ . ①市政工
程－工程施工－施工管理－研究 Ⅳ . ① TU99

中国国家版本馆 CIP 数据核字（2024）第 102399 号

JIANZHU SHIZHENG GONGCHENG SHIGONG GUANLI YANJIU

建筑市政工程施工管理研究

著 者	孙丽平 周传龙 蔡喜梅
出 版 人	宛 霞
责任编辑	靳雅帅
封面设计	树人教育
制 版	树人教育
幅面尺寸	185mm×260mm
开 本	16
字 数	300 千字
印 张	13.5
印 数	1~1500 册
版 次	2024 年 5 月第 1 版
印 次	2024 年 12 月第 1 次印刷

出 版 吉林科学技术出版社

发 行 吉林科学技术出版社

地 址 长春市南关区福祉大路 5788 号出版大厦 A 座

邮 编 130118

发行部电话 / 传真 0431-81629529 81629530 81629531
81629532 81629533 81629534

储运部电话 0431-86059116

编辑部电话 0431-81629520

印 刷 三河市嵩川印刷有限公司

书 号 ISBN 978-7-5744-1404-4

定 价 98.00 元

前　言

随着社会的不断发展与进步，建筑行业已经成为推动我国现代化建设的重要支柱产业。在这一过程中，建筑市政工程施工管理更是扮演着至关重要的角色。它不仅直接关系到工程项目的质量、安全、进度和成本，更是成为城市基础设施完善、民生福祉提升的关键因素。因此，深入研究建筑市政工程施工管理，对于提升我国建筑行业整体水平、推动城市可持续发展具有重要意义。

当前，我国建筑市政工程施工管理面临着诸多挑战。一方面，随着城市化进程的加快，市政工程项目的规模和复杂程度不断提升，对施工管理的专业性和精细化要求也越来越高。另一方面，市场竞争的加剧、政策法规的不断完善以及新技术、新工艺的不断涌现，都对施工管理水平提出了更高要求。因此，我们需要不断探索和创新，以适应这些变化和挑战。

在建筑市政工程施工管理中，质量、安全、进度和成本是四个核心要素。质量管理是确保工程项目达到预期标准的关键，它涉及材料选择、施工工艺、质量检测等多个环节。安全管理则是保障施工人员和周边居民生命财产安全的重要措施，它要求我们在施工过程中严格遵守安全规程，加强安全教育和培训。进度管理则是确保工程项目按时完工的重要保障，它需要我们合理安排施工计划，优化资源配置，提高施工效率。成本管理则是实现工程项目经济效益最大化的关键，它要求我们精确核算成本，有效控制成本支出，避免浪费和损失。

同时，我们还需要注重施工管理的创新与实践。在信息化、智能化时代背景下，我们可以利用大数据、云计算、物联网等先进技术手段，提升施工管理的智能化水平。例如，通过构建信息化管理平台，实现项目信息的实时共享和协同管理；通过应用智能监测设备和技术，实现对施工现场的实时监控和预警；通过引入自动化、机器人等先进技术，提高施工自动化程度和劳动效率。

目　录

第一章　建筑市政工程施工管理概述

第一节　建筑市政工程施工管理的概念及内涵

一、施工管理的基本概念

施工管理，作为工程项目实施过程中的关键环节，其涵盖了从项目规划、设计、施工到竣工验收的整个过程。它涉及工程管理的各个方面，包括进度管理、质量管理、成本管理、安全管理以及合同管理等，是确保工程项目顺利进行、实现预定目标的重要保障。

（一）施工管理的定义与内涵

施工管理，顾名思义，是对施工过程进行组织、计划、指挥、协调和控制的一系列管理活动。其目的在于通过科学的方法和手段，优化配置各种资源，提高施工效率，确保工程质量和安全，实现工程的经济效益和社会效益。施工管理不仅关注施工过程中的技术操作，更强调对人员、材料、设备、资金等要素的统筹安排和协调控制。

施工管理的内涵十分丰富，它涉及以下几个方面。

（1）进度管理：通过制订合理的施工计划，并对计划的执行情况进行监控和调整，确保工程按期完成。

（2）质量管理：建立完善的质量管理体系，对施工过程进行质量控制和质量检验，保证工程质量符合设计要求和相关标准。

（3）成本管理：对施工过程中的成本进行预测、控制和分析，确保工程成本控制在预算范围内，实现工程的经济效益的最大化。

（4）安全管理：制定并执行安全管理制度和措施，预防和控制施工过程中的安全事故，保障人员生命财产安全。

（5）合同管理：对工程项目的合同进行签订、履行和管理，确保合同双方的权益得到保障，维护双方良好的合作关系。

（二）施工管理的重要性

施工管理在工程项目中发挥着举足轻重的作用。首先，有效的施工管理能够确保工程项目的顺利进行。通过对施工过程的组织、计划和协调，可以及时发现和解决施工中出现的问题，避免工期延误和成本超支。其次，施工管理有助于提高工程项目的质量水平。通过严格的质量控制和质量检验，可以确保工程质量符合设计要求和相关标准，提高工程的可靠性和耐久性。此外，施工管理还能够降低工程项目的安全风险。通过制定并执行安全管理制度和措施，可以预防和控制施工过程中的安全事故，保障人员生命财产安全。最后，施工管理有助于提升企业的竞争力。通过优化资源配置、提高施工效率、降低成本等方式，可以提升企业的市场竞争力，为企业赢得更多的市场份额和客户信任。

（三）施工管理的基本原则

施工管理应遵循一系列基本原则，以确保管理工作的科学性和有效性。这些原则包括：

（1）系统性原则。将工程项目视为一个整体系统，从全局出发进行管理和决策，确保各项管理工作相互协调、相互促进。

（2）科学性原则。运用现代管理理论和方法，对施工过程进行科学分析和预测，制定科学合理的施工方案和管理措施。

（3）经济性原则。在保证工程质量和安全的前提下，追求经济效益的最大化，合理控制工程成本，提高投资回报率。

（4）灵活性原则。根据工程项目的实际情况和变化，灵活调整管理策略和方法，以适应不同的施工环境和条件。

（5）创新性原则。鼓励在管理实践中进行创新和探索，采用新技术、新工艺和新材料，提高施工管理的水平和效率。

（四）施工管理的实施策略

为了有效实施施工管理，需要采取一系列策略和方法。首先，建立健全施工管理组织体系，明确各级管理人员的职责和权限，确保管理工作的有序进行。其次，加强施工人员的培训和教育，提高他们的技能水平和安全意识，为施工管理的顺利实施提供有力保障。此外，还应加强施工现场的监控和管理，及时发现和解决施工中出现的问题，确保施工过程的顺利进行。同时，注重信息化技术的应用，利用现代信息化技术手段提高施工管理的效率和精度。最后，加强与相关方的沟通和协作，形成合力，共同推动工程项目的顺利进行。

（五）施工管理的未来发展

随着科技的不断进步和工程领域的不断发展，施工管理也面临着新的机遇和挑战。未来，施工管理将更加注重智能化、信息化和绿色化的发展。通过引入物联网、大数据、人工智能等先进技术，实现施工过程的智能化监控和管理，以此提高管理效率和精准度。同时，加强绿色施工理念的应用和推广，注重资源节约和环境保护，推动工程项目的可持续发展。

综上所述，施工管理是工程项目实施过程中的关键环节，对于确保工程顺利进行、实现预定目标具有重要意义。通过遵循基本原则、采取有效策略并关注未来发展趋势，可以不断提升施工管理的水平和效率，为工程项目的成功实施提供有力保障。

二、施工管理的内涵分析

施工管理，作为工程项目实施过程中至关重要的环节，其内涵十分丰富且深刻。它不仅仅是对施工过程的简单监控和协调，更是对整个工程项目进行全面、系统、科学的管理，旨在确保工程安全、质量、进度和成本的有效控制，实现项目的整体效益最大化。本书将对施工管理的内涵进行深入分析，以揭示其内在的逻辑和价值。

（一）施工管理的全面性与系统性

施工管理具有全面性和系统性。它涵盖了工程项目的各个方面，不仅包括人员、材料、设备、资金等要素的管理，也涉及项目的规划、设计、施工、验收等各个阶段。施工管理的全面性要求管理者必须具备全局观念，能够统筹考虑项目的各个方面，确保各项工作的协调一致。此外，施工管理还需要运用系统论的方法，将工程项目视为一个整体系统，通过优化系统结构、提高系统效能，实现项目目标的最大化。

（二）施工管理的科学性与规范性

施工管理具有科学性和规范性。它通过运用现代管理理论和方法，对施工过程进行科学的分析、预测和控制。这包括对施工进度的科学安排、施工质量的严格把关、施工成本的合理控制等。同时，施工管理还注重规范性，即遵循一定的管理原则、标准和流程，确保管理工作的有序进行。科学性和规范性的施工管理能够降低工程风险，提高管理效率，为项目的顺利实施提供有力保障。

（三）施工管理的动态性与灵活性

施工管理具有动态性和灵活性。工程项目在实施过程中往往面临着各种不确定因素，如设计变更、材料价格波动、自然灾害等。这些不确定因素可能导致项目目标的偏离或计划的调整。因此，施工管理需要具有动态性和灵活性，能够根据实际情况及时调整管理策略和方法，确保项目目标的顺利实现。动态性和灵活性的施工管理要求管理者具备敏锐的洞察力和应变能力，能够迅速应对各种复杂情况，确保工程项目的顺利进行。

（四）施工管理的创新性与持续改进

施工管理具有创新性和持续改进的特点。随着科技的不断进步和工程领域的不断发展，传统的施工管理方法和技术已难以满足现代工程项目的需求。因此，施工管理需要不断创新，引入新的管理理念、技术和方法，提高管理水平和效率。同时，施工管理还需要注重持续改进，通过总结经验教训、优化管理流程、提高人员素质等方式，不断提升管理质量和水平。创新性和持续改进的施工管理能够推动工程项目的不断进步和发展，提高企业的核心竞争力。

（五）施工管理的安全管理与质量控制

施工管理的内涵中，安全管理与质量控制占据了举足轻重的地位。安全管理是确保工程项目顺利进行的基础，它涉及施工现场的安全设施设置、安全操作规程制定以及安全教育培训等方面。通过有效的安全管理，可以预防和减少施工过程中的安全事故，保障人员生命财产安全。质量控制则是确保工程项目质量符合设计要求和相关标准的关键环节。它要求对施工过程进行严格的质量把关，通过质量检查、质量评估和质量改进等手段，不断提高工程质量水平。

（六）施工管理的成本控制与效益优化

施工管理的另一个重要内涵是成本控制与效益优化。成本控制是施工管理中不可或缺的一环，它涉及工程预算的制定、成本计划的执行以及成本分析等方面。通过合理的成本控制，可以确保工程项目在预算范围内完成，避免成本超支现象的发生。同时，施工管理还需要注重效益优化，即在保证工程质量和安全的前提下，通过优化资源配置、提高施工效率等方式，实现工程项目经济效益和社会效益的最大化。

综上所述，施工管理的内涵十分丰富且深刻，它涵盖了工程项目的各个方面和阶段，具有全面性和系统性、科学性和规范性、动态性和灵活性、创新性和持续改进等特点。同时，施工管理还注重安全管理与质量控制、成本控制与效益优化等方面的工作。深入理解施工管理的内涵，有助于我们更好地把握施工管理的核心价值和意义，为工程项目的顺利实施和企业的持续发展提供了有力保障。

三、施工管理的地位与作用

施工管理，作为工程项目实施过程中至关重要的环节，其地位与作用不容忽视。它贯穿工程项目的始终，从项目启动到竣工验收，每一个环节都离不开施工管理的精细组织和协调。施工管理不仅关乎工程的安全、质量、进度和成本，更直接关系到企业的经济效益和社会声誉。因此，深入理解和把握施工管理的地位与作用，对于提升工程项目管理水平、保障工程顺利实施具有重要意义。

（一）施工管理的地位

施工管理在工程项目中占据核心地位，是确保工程顺利进行的关键所在。具体来说，施工管理的地位主要体现在以下几个方面。

（1）决策支持地位：施工管理为项目决策提供重要依据。通过对项目进展情况的实时跟踪和数据分析，施工管理能够为项目决策者提供准确、全面的信息，帮助他们做出科学、合理的决策，从而确保项目目标的顺利实现。

（2）组织协调地位：施工管理是工程项目组织协调的中心。它负责协调各方资源，包括人员、材料、设备等，确保各项工作的有序进行。同时，施工管理还需要协调各参建单位之间的关系，形成合力，共同推动项目的进展。

（3）质量控制地位：施工管理是工程质量的重要保障。通过对施工过程的严格监控和质量管理，施工管理能够确保工程质量符合设计要求和相关标准，提高工程的可靠性和耐久性。

（4）成本控制地位：施工管理在成本控制方面发挥着关键作用。通过制订合理的成本计划和控制措施，施工管理能够降低工程成本，提高企业的经济效益。

（二）施工管理的作用

施工管理在工程项目中发挥着举足轻重的作用，主要体现在以下几个方面。

（1）保障工程安全：施工管理通过制定并执行安全管理制度和措施，预防和控制施工过程中的安全事故，保障人员生命财产安全。同时，施工管理还能够及时发现和处理潜在的安全隐患，确保工程的安全稳定。

（2）确保工程质量：施工管理通过对施工过程的全面监控和质量管理，确保工程质量符合设计要求和相关标准。这包括对施工材料、施工工艺、施工设备等各个方面的严格把关，以及对施工人员的技能培训和质量控制。通过施工管理的有效实施，可以显著提高工程的质量和可靠性。

（3）控制工程进度：施工管理通过制订合理的施工计划和进度安排，确保工程按期完成。在施工过程中，施工管理需要对进度进行实时跟踪和调整，以便及时发现和解决进度延误的问题，确保工程能够按照预定的时间节点顺利推进。

（4）优化资源配置：施工管理通过对人员、材料、设备等资源的优化配置，提高施工效率，降低工程成本。这包括合理安排施工人员的工作任务和工作时间，优化材料采购和库存管理，以及提高设备的利用率和效率。通过施工管理的科学组织，可以实现资源利用的最大化，提高企业的经济效益。

（5）提升企业形象：施工管理的好坏直接关系到企业的形象和声誉。一支优秀的施工管理团队能够展现出企业的专业能力和管理水平，赢得客户的信任和尊重。同时，通过施工管理的精细实施，可以打造出高品质的工程项目，从而进一步提升企业的品牌形象和市场竞争力。

（三）施工管理的未来发展趋势

随着科技的不断进步和工程领域的快速发展，施工管理的地位与作用将进一步提升。未来，施工管理将更加注重信息化、智能化和绿色化的发展。通过引入先进的信息技术和智能化设备，实现施工过程的数字化管理和智能化监控，提高管理效率和精度。同时，施工管理还将更加注重环境保护和可持续发展，推动工程项目的绿色施工和节能减排。

综上所述，施工管理在工程项目中占据核心地位，发挥着举足轻重的作用。它不仅是确保工程安全、质量、进度和成本的重要保障，更是提升企业形象和市场竞争力的关键所在。因此，我们应该高度重视施工管理的地位与作用，加强施工管理人才的培养和引进，推动施工管理的不断创新和发展。

第二节　建筑市政工程施工管理的重要性分析

一、保障工程质量的重要性

工程质量作为工程项目建设的核心要素，其重要性不言而喻。高质量的工程不仅能够确保项目的安全、稳定、持久运行，还能够提升企业的声誉和行业竞争力，进而为社会的可持续发展做出贡献。本书将从多个方面深入剖析保障工程质量的重要性。

（一）保障工程安全稳定运行

工程质量直接关系到工程项目的安全性和稳定性。优质的工程在设计和施工过程中充分考虑了结构强度、材料耐久性、设备可靠性等因素，从而能够抵御自然灾害、人为破坏等外部因素的冲击，确保项目的长期稳定运行。相反，如果工程质量不达标，不仅可能导致工程在运营过程中出现各种安全隐患，还可能引发严重的安全事故，甚至给人们的生命财产安全带来严重威胁。

（二）提升工程使用价值和经济效益

工程质量是工程使用价值和经济效益的基础。高质量的工程能够提供更加舒适、安全、便捷的使用环境，满足人们的各种需求，从而提升工程的使用价值。同时，优质的工程能够降低维修、改造等后期成本，提高工程的运行效率，为企业带来更高的经济效益。反之，如果工程质量存在问题，不仅可能影响工程的使用效果，还可能增加后期维护成本，甚至导致工程无法正常使用，给企业带来巨大损失。

（三）塑造企业良好形象和信誉

工程质量是企业形象和信誉的重要体现。一家能够建造出高质量工程的企业，往往能够赢得客户的信任和尊重，为此树立良好的企业形象。这种信任和尊重不仅能够为企业带来更多的业务机会，还能提升企业在行业内的地位和影响力。相反，如果企业建造的工程存在质量问题，不仅可能损害企业的声誉和形象，还可能引发法律纠纷，给企业带来严重的负面影响。

（四）推动行业技术进步和创新发展

保障工程质量需要不断推动行业技术进步和创新发展。在追求高质量的过程中，企业需要不断引进新技术、新工艺、新材料，以提高工程设计和施工水平。这种技术创新和进步不仅能够提升工程质量，还能够推动整个行业的进步和发展。同时，高质量的工程能够为科研人员提供宝贵的实践经验和数据支持，推动相关学科的理论研究和应用创新。

（五）促进社会和谐稳定与可持续发展

工程质量不仅关乎企业的经济效益和形象声誉，更直接关系到社会的和谐稳定与可持续发展。优质的工程能够为人们提供安全、舒适的生活环境，提高人们的生活质量，促进社会和谐稳定。同时，高质量的工程还能够减少对环境的破坏和污染，实现资源的合理利用和节约，推动社会的可持续发展。

（六）维护公众利益和社会责任

工程质量直接关系到公众的利益和安全。作为社会公民，企业有责任为社会提供安全、可靠、高质量的工程。这不仅是企业履行社会责任的体现，也是维护公众利益的重要举措。通过保障工程质量，企业能够为社会创造更多的价值，以此赢得公众的认可和支持。

综上所述，保障工程质量具有极其重要的意义。它不仅能够确保工程的安全稳定运行和提升使用价值，还能够塑造企业的良好形象和信誉，以此推动行业技术进步和创新发展，促进社会的和谐稳定与可持续发展。因此，我们应该高度重视工程质量问题，从设计、施工、验收等各个环节严格把控工程质量，确保每一项工程都能够达到预期质量和效果。同时，政府和社会各界也应该加强对工程质量的监管和监督，共同营造一个重视工程质量、追求高质量发展的良好氛围。

二、提升施工效率的重要性

在工程项目的实施过程中，施工效率的高低将直接影响着项目的进展速度、成本控制以及最终的质量。因此，提升施工效率具有至关重要的意义。本书将从多个方面深入剖析提升施工效率的重要性，并探讨如何有效提升施工效率。

（一）提升施工效率有助于加快项目进度

工程项目往往具有明确的工期要求，而施工效率的高低直接决定了项目能否按时完成。提升施工效率意味着在相同的时间内能够完成更多的工作量，从而缩短项目的整体工期。这对于企业来说，意味着能够更快地交付项目，提高客户满意度，进而增强市场竞争力。同时，缩短工期还能减少因工期延误而产生的额外费用，降低项目成本。

（二）提升施工效率有助于降低项目成本

施工效率的提升意味着资源的有效利用和减少浪费。通过优化施工流程、提高施工人员的技术水平、采用先进的施工设备和技术等手段，可以有效降低材料消耗、减少人力成本，从而降低项目的总成本。此外，提升施工效率还能减少因工期延误而产生的额外费用，如加班费、租赁费等，进一步降低项目成本。

（三）提升施工效率有助于提高工程质量

施工效率的提升往往伴随施工技术的改进和管理水平的提升。通过引入先进的施工技术和设备，可以提高施工精度和施工质量，减少人为错误和质量问题。同时，提升施工效率还意味着加强了对施工过程的监控和管理，能够及时发现和处理潜在的质量问题，确保工程质量的稳定可靠。

（四）提升施工效率有助于增强企业竞争力

在激烈的市场竞争中，企业要想立于不败之地，就必须不断提升自身的核心竞争力。而施工效率作为工程项目实施过程中的关键因素之一，其提升将直接增强企业竞争力。通过提高施工效率，企业能够更快地交付项目、降低成本、提高质量，从而赢得客户的信任和认可。此外，提升施工效率还能提升企业的品牌形象和市场地位，为企业赢得更多的业务机会和发展空间。

（五）提升施工效率有助于推动行业进步

施工效率的提升不仅关乎单个企业的利益，更对整个行业的发展具有积极的推动作用。通过不断探索和实践新的施工方法和技术，提升施工效率，可以推动整个行业的技术进步和创新发展。这种进步和创新不仅能够提高工程项目的整体质量和效益，还能够促进行业内的合作与交流，推动整个行业的健康发展。

（六）提升施工效率有助于提升员工工作满意度

高效的施工环境意味着员工能够更高效地完成任务，减少加班和重复劳动，从而有更多的时间和精力投入更有价值的工作中。这不仅可以提升员工的工作满意度和幸福感，还有助于减少员工流失，提高团队的稳定性和凝聚力。

（七）提升施工效率有助于实现可持续发展

在追求高效施工的同时，企业通常会更加关注资源的合理利用和环境的保护。通过优化施工流程、采用环保材料和节能设备，可以在提升施工效率的同时，也减少对环境的影响，实现可持续发展。

然而，提升施工效率并非是一蹴而就的事情，而是需要企业从多个方面入手。首先，要加强施工人员的培训和教育，提高他们的技术水平和综合素质。其次，要引入先进的施工技术和设备，提高施工过程的自动化和智能化水平。此外，还要加强施工现场的管理和协调，确保各项工作有序进行。

综上所述，提升施工效率对于工程项目的实施具有至关重要的意义。它不仅能够加快项目进度、降低项目成本、提高工程质量，还能够增强企业竞争力、推动行业进步、提升员工工作满意度以及实现可持续发展。因此，我们应该高度重视施工效率问题，通过采取有效措施不断提升施工效率水平，为企业的持续发展和行业的进步做出贡献。

三、控制成本风险的重要性

在工程项目实施过程中，成本风险的控制是一项至关重要的任务。它不仅直接关系到企业的经济效益和利润水平，还对企业的市场竞争力和长远发展具有深远的影响。因此，深入理解和把握控制成本风险的重要性，对于企业的稳健运营和可持续发展具有重要意义。

（一）保障企业经济效益和利润水平

成本风险的控制直接决定了企业的经济效益和利润水平。通过有效的成本控制，企业能够在保证项目质量的前提下，降低项目成本，提高项目的盈利水平。这有助于增强企业的经济实力，为企业扩大再生产、进行技术创新和市场拓展提供有力支持。同时，良好的成本控制还能提升企业的利润空间，增强企业的抗风险能力，使企业在激烈的市场竞争中保持良好的发展态势。

（二）提升企业市场竞争力和行业地位

在市场竞争日益激烈的今天，成本控制成为企业提升竞争力的关键手段之一。通过有效控制成本风险，企业能够在保证产品质量和服务水平的前提下，以更低的价格赢得客户的青睐，从而占据更多的市场份额。此外，成本控制还能提升企业的运营效率和管理水平，使企业在行业中树立良好的形象和口碑，进一步提升企业的行业地位和影响力。

（三）促进企业内部管理和流程优化

成本风险的控制需要企业从内部管理和流程优化入手。通过对项目成本进行精细化管理和监控，企业能够及时发现和解决成本超支、资源浪费等问题，从而推动企业内部管理的改进和流程的优化。这有助于提升企业的运营效率和管理水平，为企业创造更多的价值。同时，内部管理和流程的优化还能激发员工的积极性和创造力，提高企业的整体绩效。

（四）增强企业应对外部风险的能力

外部市场环境的变化、政策调整等因素都可能给企业带来成本风险。通过加强成本风险控制，企业能够更好地应对这些外部风险，减少因成本波动而带来的损失。例如，企业可以通过建立成本预警机制，及时发现和应对成本超支问题；通过多元化采购策略，降低原材料价格波动对项目成本的影响；通过加强合同管理，减少因合同变更带来的成本风险。这些措施有助于增强企业的抗风险能力，保障企业的稳健运营。

（五）推动企业持续创新和转型升级

成本风险的控制不仅关乎企业短期利益，更关系到企业的长远发展。通过不断降低成本、提高效率，企业能够积累更多的资源和资金，为企业的持续创新和转型升级提供有力支持。这有助于企业打破传统的发展模式，探索新的业务领域和市场空间，实现企业的可持续发展。

（六）增强企业的社会责任感和可持续发展能力

有效控制成本风险还体现了企业的社会责任感和可持续发展能力。通过优化资源配置、减少浪费和污染，企业能够在实现经济效益的同时，也积极履行社会责任，推动社会的可持续发展。这有助于提升企业的社会形象和声誉，增强企业的公信力和影响力。

然而，要有效控制成本风险并非易事，企业需要建立完善的成本控制体系，包括成本预算、成本核算、成本分析等环节，确保成本管理的全面性和有效性。同时，企业还需要加强成本控制人员的培训和教育，提高他们的专业素养和综合能力，为成本控制工作的顺利开展提供有力保障。

综上所述，控制成本风险对于企业的经济效益、市场竞争力、内部管理、外部风险应对以及持续创新等方面都具有重要意义。因此，企业应该高度重视成本风险控制工作，采取有效措施加强成本管理，为企业的稳健运营和可持续发展奠定坚实的基础。

第三节　建筑市政工程施工管理的特点与现状

一、施工管理的特点概述

施工管理作为工程项目实施过程中的重要环节，具有一系列独特的特点。这些特点不仅反映了施工管理的复杂性和多样性，也体现了施工管理在工程项目中的关键作用。本书将详细阐述施工管理的特点，以期对施工管理有更深入的理解和认识。

（一）施工管理的复杂性与综合性

施工管理涉及多个领域和多个环节，包括人员管理、材料管理、设备管理、进度管理、质量管理、安全管理等多个方面。这些方面相互关联、相互影响，构成了一个复杂的系统。因此，施工管理具有高度的复杂性，需要综合考虑各种因素，以确保施工过程顺利进行。

同时，施工管理还具有综合性。它不仅要考虑施工过程中的技术问题，还要关注经济、社会、环境等多方面的因素。施工管理需要协调各方面资源，优化资源配置，以实现工程项目的整体效益最大化。

（二）施工管理的动态性与灵活性

施工管理是一个动态的过程，随着工程项目的进展和外部环境的变化，施工管理的内容和重点也会发生变化。因此，施工管理需要具有高度的动态性，能够根据实际情况及时调整管理策略和方法。

此外，施工管理还需要具备灵活性。在施工过程中，可能会遇到各种不可预见的情况和问题，如设计变更、材料供应中断、自然灾害等。施工管理需要能够迅速应对这些情况，灵活调整施工计划，确保施工过程的顺利进行。

（三）施工管理的专业性与技术性

施工管理是一项专业性很强的工作，需要具备丰富的专业知识和技能。施工管理人员需要了解施工工艺、施工技术、施工设备等方面的知识，才能够解决施工过程中遇到的技术问题。同时，施工管理人员还需要掌握项目管理、成本管理、质量管理等方面的理论知识，能够运用科学的管理方法和技术手段进行施工管理。

此外，施工管理还需要注重技术创新和研发。随着科技的不断进步和施工工艺的不断改进，施工管理需要不断引入新技术、新工艺和新设备，提高施工效率和质量水平。

（四）施工管理的协调性与合作性

施工管理涉及多个参与方，包括业主、设计单位、施工单位、监理单位等。各方之间需要进行密切协调与合作，共同推动工程项目的进展。因此，施工管理具有高度的协调性和合作性。

在施工过程中，施工管理人员需要积极与各方进行沟通，及时解决合作中出现的问题和矛盾。同时，还需要建立有效的信息共享机制，确保各方能够及时获取项目进展情况和相关信息，提高协作效率。

（五）施工管理的风险性与预控性

施工管理过程中存在着各种风险，如质量风险、安全风险、进度风险等。这些风险可能对项目造成重大损失，甚至导致项目失败。因此，施工管理需要具有风险预控性，能够提前识别并评估潜在风险，制定相应的风险应对措施。

在施工过程中，施工管理人员需要密切关注项目进展情况，及时发现并处理潜在风险。同时，还需要建立完善的风险管理制度和应急预案，确保在风险发生时能够迅速响应并有效应对。

（六）施工管理的系统性与整体性

施工管理是一个系统性的工程，各个环节之间相互关联、相互影响，形成一个整体。因此，施工管理需要从整体出发，注重系统性和整体性。

施工过程中，施工管理人员需要全面考虑各个环节之间的关系和相互影响，确保施工过程的协调性和一致性。同时，还需要关注工程项目的整体目标和利益，以整体效益最大化为导向进行施工管理。

综上所述，施工管理具有复杂性与综合性、动态性与灵活性、专业性与技术性、协调性与合作性、风险性与预控性以及系统性与整体性等特点。这些特点使施工管理成为一项既具有挑战性又具有创造性的工作。实践中，我们需要根据工程项目的实际情况和特点，灵活运用各种管理方法和手段，确保施工过程的顺利进行和项目的成功完成。

二、施工管理现状的剖析

施工管理作为工程项目实施的核心环节，其现状直接反映了行业发展水平及存在的问题。在当前的社会经济背景下，施工管理面临着诸多挑战和机遇。本书将从多个维度对施工管理现状进行深入剖析，以期为推动施工管理水平的提升提供有益的参考。

（一）施工管理水平逐步提升，但整体发展不均衡

近年来，随着科技的不断进步和工程建设的快速发展，施工管理水平得到了显著

提升。越来越多的企业开始重视施工管理，例如加大了对施工管理人员的培训投入，提高了施工管理的专业性和技术性。同时，一些先进的施工管理理念和方法也逐渐得到应用，如精细化管理、信息化管理等，为施工管理带来了新的变革。

然而，尽管施工管理水平有所提升，但整体发展仍不均衡。一些大型企业和重点项目在施工管理方面做得较好，能够实现高效、安全、质量的施工。但仍有相当一部分中小企业和一般项目的施工管理存在诸多问题，如管理不规范、技术落后、安全意识淡薄等，这些潜在的问题严重影响了施工质量和进度。

（二）信息化程度不断提高，但应用水平有待提升

信息化是施工管理现代化的重要标志。目前，越来越多的施工企业开始引入信息化管理系统，如 BIM 技术、物联网技术等，以提高施工管理的效率和精度。这些技术的应用，使施工管理更加科学化、智能化，有助于解决传统施工管理中的一些问题。

然而，尽管信息化程度有所提高，但应用水平仍有待提升。一些企业在引入信息化管理系统时，缺乏系统的规划和培训，导致系统使用效果不佳。同时，部分施工管理人员对信息化技术的理解和掌握程度不够，从而难以充分发挥信息化管理的优势。

（三）安全意识得到加强，但安全事故仍时有发生

安全是施工管理的重中之重。近年来，随着国家对安全生产的要求越来越高，施工企业的安全意识得到了明显加强。许多企业开始建立、健全安全管理制度，加强安全培训和演练，提高员工的安全意识和技能。

然而，尽管安全意识得到加强，但安全事故仍时有发生。一些施工企业在追求经济效益的过程中，忽视了安全生产的重要性，导致安全投入不足、安全措施不到位。同时，一些施工人员对安全规定视而不见，存在侥幸心理，也增加了安全事故的风险。

（四）质量意识逐渐增强，但质量问题依然突出

质量是施工管理的核心目标之一。随着市场竞争的加剧和客户需求的提高，施工企业的质量意识逐渐增强。许多企业开始注重施工过程中的质量控制和验收工作，努力提高工程质量。

然而，尽管质量意识得到增强，但质量问题依然突出。一些施工企业在施工过程中存在偷工减料、使用不合格材料等问题，导致工程质量不达标。同时，一些施工人员的技能水平不高，难以保证施工质量的稳定性。

（五）环保要求日益严格，但环保管理仍需加强

随着环保意识的普及和环保法规的完善，施工企业对环保的要求也越来越高。许多企业开始加强环保管理，通过采取一系列措施减少施工过程中的环境污染和生态破坏。

然而，尽管环保要求日益严格，但环保管理仍需加强。一些施工企业在施工过程中仍然存在违规排放、随意倾倒建筑垃圾等问题，对环境造成了不良影响。同时，一些企业对环保投入不足，缺乏有效的环保措施和技术手段。

（六）成本控制意识增强，但成本控制手段仍需创新

成本控制是施工管理的关键环节之一。在当前的市场环境下，施工企业对成本控制的要求越来越高。许多企业开始注重成本预算和核算工作，努力降低施工成本。

然而，尽管成本控制意识得到增强，但成本控制手段仍需创新。一些施工企业在成本控制方面仍然采用传统的方法和手段，难以适应市场变化和客户需求的变化。同时，一些企业对成本控制的理解不够深入，缺乏科学有效的成本控制方法和技术手段。

综上所述，当前施工管理现状呈现出逐步提升但整体发展不均衡、信息化程度提高但应用水平有待提升、安全意识加强但安全事故仍时有发生、质量意识增强但质量问题依然突出、环保要求严格但环保管理仍需加强以及成本控制意识增强但成本控制手段仍需创新等特点。针对这些问题，施工企业应进一步加强施工管理水平的提升，推动施工管理向更加科学化、规范化的方向发展。

三、施工管理面临的挑战与机遇

施工管理作为工程项目实施的核心环节，既面临着诸多挑战，也蕴藏着丰富的机遇。在当前经济全球化和市场竞争日益激烈的背景下，施工管理需要不断创新和适应，以应对各种复杂多变的情况。本书将详细探讨施工管理所面临的挑战与机遇，以期为施工管理的未来发展提供有益的思考。

（一）施工管理面临的挑战

1.市场竞争的加剧

随着建筑行业的快速发展，市场竞争越来越激烈。施工企业需要不断提升自身的管理水平和技术能力，以在市场中脱颖而出。然而，许多施工企业在面对激烈的市场竞争时，往往缺乏有效的竞争策略和手段，导致项目承接困难，企业经营压力增大。

2.项目管理难度的提升

工程项目往往具有规模庞大、技术复杂、工期紧张等特点，这使施工管理的难度不断加大。同时，项目管理中涉及的利益方众多，协调难度增加，对施工管理的专业水平提出了更高的要求。如何在有限的资源和时间内高效地完成项目目标，成为施工管理面临的一大挑战。

3. 安全风险的增加

施工安全是施工管理的重中之重。然而，随着工程项目的复杂性和不确定性增加，安全风险也随之加大。施工过程中的高空作业、临时用电、机械设备使用等环节都存在潜在的安全隐患。如何有效预防和应对安全风险，确保施工人员的生命安全和身体健康，是施工管理面临的重要挑战。

4. 成本控制压力的增大

成本控制是施工管理的重要任务之一。然而，随着原材料价格的波动、人工成本的上升以及环保要求的提高，施工成本不断增加。如何在保证工程质量的前提下，有效控制成本，提高项目的经济效益，是施工管理面临的一大难题。

（二）施工管理面临的机遇

1. 技术创新的推动

随着科技的不断进步，新技术、新工艺和新材料不断涌现，为施工管理提供了更多选择和可能性。例如，BIM技术、物联网技术、智能化设备等的应用，可以大幅提高施工管理的效率和精度，降低施工管理成本。施工企业应抓住技术创新的机遇，积极引入和应用新技术，提升施工管理的现代化水平。

2. 市场需求的多样化

随着经济的发展和社会的进步，市场需求呈现出多样化的趋势。客户对工程项目的需求不再仅仅局限于基本的建筑功能，而是更加注重项目的品质、环保、节能等方面。这为施工管理提供了更多的发展空间和创新机会。施工企业应深入研究市场需求，根据客户需求定制化地提供施工管理服务，以满足市场的多样化需求。

3. 绿色环保理念的普及

随着环保意识的提高和环保法规的完善，绿色环保理念在建筑施工领域得到了广泛推广和应用。施工管理作为工程项目实施的重要环节，也应积极响应绿色环保理念，采取一系列环保措施和技术手段，降低施工过程中的环境污染和生态破坏。这既是施工管理的社会责任，也是提升企业形象和行业间竞争力的重要途径。

4. 国际合作的深化

随着全球化的推进和"一带一路"倡议的实施，国际间的建筑合作日益深化。这为施工管理提供了更广阔的发展空间。施工企业可以通过参与国际工程项目，学习借鉴先进的施工管理经验和技术手段，来提升自身的国际化水平和竞争力。同时，也可以在国际合作中展示中国施工管理的实力和优势，推动中国建筑行业朝着国际化方向发展。

（三）应对挑战与抓住机遇的策略

面对挑战与机遇并存的施工管理环境，施工企业应采取以下策略。

第一，加强人才队伍建设，提升施工管理的专业水平。

第二，加大技术创新投入，引入和应用新技术、新工艺和新材料。

第三，深入研究市场需求，提供定制化、高品质的施工管理服务。

第四，树立绿色环保理念，采取环保措施和技术手段来降低环境污染。

第五，积极参与国际合作与交流，提升施工管理的国际化水平。

综上所述，施工管理既面临着市场竞争、项目管理难度、安全风险和成本控制等多方面的挑战，也拥有技术创新、市场需求多样化、绿色环保理念普及和国际合作深化等机遇。施工企业应全面认识并深入分析这些挑战与机遇，制定科学合理的发展战略和管理措施，以应对挑战并抓住机遇，推动施工管理的持续发展和创新。

第四节　建筑市政工程施工管理的基本原则

一、建筑市政工程施工管理的安全优先原则

建筑市政工程施工管理涉及众多方面，其中安全管理尤为关键。安全管理不仅关系到工程质量和进度，更直接关系到施工人员的生命安全和财产安全。因此，在施工管理过程中，必须始终坚持安全优先原则，确保施工安全。本书将深入探讨建筑市政工程施工管理的安全优先原则，分析其实施意义、现状问题，并提出相应的优化策略。

（一）安全优先原则的实施意义

在建筑市政工程施工管理中，安全优先原则的实施具有重大的现实意义。首先，安全是施工生产的基石。只有在确保安全的前提下，工程才能顺利进行，质量才能得到保障。其次，安全优先原则体现了对施工人员的尊重与关怀。施工人员是工程建设的主体，他们的生命安全和身体健康应得到高度重视。最后，安全优先原则也是企业社会责任的体现。企业作为社会的一员，应积极履行安全生产的责任，为社会和谐稳定做出贡献。

（二）当前建筑市政工程施工安全管理现状

尽管安全优先原则在理论上得到了广泛认可，但在实际施工过程中，仍存在一些问题。

1.安全意识淡薄

部分施工企业和施工人员对安全生产的重要性认识不足，存在侥幸心理，忽视了安全管理细节。这种淡薄的安全意识往往导致安全事故的发生。

2. 安全管理制度不完善

一些施工企业的安全管理制度不健全，缺乏针对性和可操作性。制度执行不到位，监管力度不够，使安全管理形同虚设。

3. 安全投入不足

部分施工企业为了降低成本，往往在安全投入上大打折扣。安全设施不完善，安全防护措施不到位，给施工人员的生命安全带来严重威胁。

4. 安全培训缺失

施工人员的安全培训是确保施工安全的重要环节。然而，一些施工企业忽视了安全培训的重要性，导致施工人员缺乏必要的安全知识和技能，增加了安全事故的风险。

（三）安全优先原则的优化策略

针对当前建筑市政工程施工安全管理存在的问题，应从以下几个方面优化安全优先原则的实施。

1. 提高安全意识

施工企业应加强对安全生产重要性的宣传和教育，提高施工人员对安全管理的认识和重视程度。同时，建立、健全安全生产责任制，明确各级管理人员和施工人员的安全职责，确保安全生产的责任落实到人。

2. 完善安全管理制度

施工企业应根据实际情况，制定和完善安全管理制度，确保制度的针对性和可操作性。同时，加大制度执行力度，对违反安全管理制度的行为进行严肃处理，形成有效的安全监管机制。

3. 增加安全投入

施工企业应加大对安全生产的投入力度，完善安全设施，提高安全防护措施的有效性。对于关键部位和危险源，应采取更加严格的安全管理措施，确保施工人员的生命安全。

4. 加强安全培训

施工企业应定期对施工人员进行安全培训，以提高他们的安全意识和安全技能。培训内容应涵盖安全操作规程、应急处理措施等方面，确保施工人员在遇到安全问题时能够正确应对。

建筑市政工程施工管理的安全优先原则是确保施工安全的重要基础。在实际施工过程中，施工企业应始终坚持安全优先原则，从提高安全意识、完善安全管理制度、增加安全投入、加强安全培训等方面入手，不断优化安全管理措施，确保施工生产的顺利进行。同时，政府和社会各界也应加强对施工安全的监管和支持，共同营造安全、稳定的施工环境。

安全优先原则的实施不仅关系到施工企业的经济效益和社会效益，更直接关系到施工人员的生命安全和财产安全。因此，我们必须从思想上重视安全管理，也要从行动上落实安全优先原则，确保建筑市政工程施工的安全性和稳定性。通过不断地努力和改进，我们相信能够建立起更加完善、高效的安全管理体系，为建筑市政工程的顺利进行提供有力保障。

二、建筑市政工程施工管理的质量为本原则

建筑市政工程施工管理是一个复杂且系统的过程，其中质量管理是核心环节。质量为本原则强调在施工过程中，应始终把质量放在首位，确保工程质量的稳定性和可靠性。本书将从质量为本原则的内涵、实施意义、当前存在的问题以及优化策略等方面进行深入探讨。

（一）质量为本原则的内涵

质量为本原则是指在建筑市政工程施工管理过程中，始终将质量作为核心和基础，以高质量的工程产品为目标，通过科学的管理手段和技术措施，确保施工质量的稳步提升。这一原则要求施工企业在施工过程中，从材料选择、工艺控制、质量检测等方面严格把关，确保每一个环节都符合质量标准，从而最终实现工程质量的整体提升。

（二）质量为本原则的实施意义

1. 提升工程质量

质量为本原则的实施，能够促使施工企业在施工过程中更加注重质量控制，从而提高工程质量。这不仅有助于提升企业的市场竞争力，还能够为社会创造更多的优质工程产品。

2. 保障人民生命财产安全

建筑市政工程直接关系到人民群众的生命财产安全。质量为本原则的实施，能够确保工程质量的稳定性和可靠性，从而有效保障人民群众的生命财产安全。

3. 促进企业可持续发展

在竞争激烈的市场环境中，质量是企业生存和发展的关键。质量为本原则的实施，能够提升企业的品牌形象和声誉，增强客户对企业的信任度，进而促进企业的可持续发展。

（三）当前建筑市政工程施工质量管理存在的问题

尽管质量为本原则在理论上得到了广泛认可，但在实际施工过程中，仍存在一些问题。

1. 质量意识不强

部分施工企业和施工人员对质量的重要性认识不足，往往只关注施工进度和成本

控制，而忽视了质量管理的重要性。这种薄弱的质量意识导致了工程质量问题频发。

2. 质量管理体系不完善

一些施工企业的质量管理体系不健全，缺乏科学性和系统性。质量管理体系的执行力度不够，监管不到位，使质量管理形同虚设。

3. 质量检测手段落后

部分施工企业在质量检测方面仍采用传统的手段和方法，缺乏先进的检测设备和技术。这导致质量检测结果的准确性和可靠性受到质疑，难以保证工程质量的稳定性。

（四）优化质量为本原则的实施策略

针对当前建筑市政工程施工质量管理存在的问题，应从以下几个方面来优化质量为本原则的实施。

1. 增强质量意识

施工企业应加强对质量重要性的宣传和教育，提高施工人员对质量管理的认识和重视程度。同时，建立、健全质量责任制，明确各级管理人员和施工人员的质量职责，确保质量管理的责任具体落实到人。

2. 完善质量管理体系

施工企业应根据实际情况，制定和完善质量管理体系，确保体系的科学性和系统性。同时，加强质量管理体系的执行力度，对违反质量管理体系的行为进行严肃处理，形成有效的质量监管机制。

3. 引进先进的质量检测手段

施工企业应积极引进先进的质量检测手段和技术，提高质量检测的准确性和可靠性。同时，加强对质量检测人员的培训和管理，确保他们具备专业的检测技能和素质。

4. 强化过程控制

在施工过程中，应加强对各个环节的质量控制，确保每一个环节都符合质量标准。对于关键部位和隐蔽工程，应采取更加严格的质量控制措施，确保工程质量的稳定性和可靠性。

质量为本原则是建筑市政工程施工管理的核心和基础。在实际施工过程中，施工企业应始终坚持质量为本原则，从增强质量意识、完善质量管理体系、引进先进的质量检测手段以及强化过程控制等方面入手，不断优化质量管理措施，确保工程质量的稳步提升。同时，政府和社会各界也应加强对施工质量的监管和支持，共同营造重视质量、追求卓越的施工环境。

综上所述，质量为本原则的实施对于提升建筑市政工程质量、保障人民生命财产安全以及促进企业可持续发展具有重要意义。只有始终坚持质量为本原则，才能推动建筑市政工程施工管理水平的不断提升，为社会创造更多的优质工程产品。

三、建筑市政工程施工管理的效率与效益并重原则

建筑市政工程施工管理是一项涉及众多因素的复杂任务，其中效率与效益是两个至关重要的方面。效率与效益并重原则强调在施工管理过程中，既要注重施工效率的提升，又要关注经济效益和社会效益的实现。本书将深入探讨建筑市政工程施工管理的效率与效益并重原则，分析其实施意义、现状问题，并提出相应的优化策略。

（一）效率与效益并重原则的实施意义

在建筑市政工程施工管理中，坚持效率与效益并重原则具有深远的意义。首先，效率的提升能够缩短工期，减少资源浪费，从而降低成本，增强企业的市场竞争力。其次，效益的实现不仅体现在经济效益上，还包括社会效益和环境效益。通过优化施工管理，可以提高工程质量，保障人民群众的生命财产安全，同时促进城市建设和经济发展。最后，效率与效益并重原则有助于推动施工企业的可持续发展，实现经济效益和社会效益的双赢。

（二）当前建筑市政工程施工管理在效率与效益方面的问题

尽管效率与效益并重原则在理论上得到了广泛认可，但在实际施工过程中，仍存在一些问题。

1. 效率方面的问题

（1）施工组织不合理：部分施工企业在施工组织方面缺乏科学性和系统性，导致施工效率低下。例如，施工进度安排不合理、劳动力分配不均等问题时有发生。

（2）施工技术落后：一些施工企业仍然采用传统的施工技术，缺乏创新和改进。这不仅影响了施工效率，还可能导致工程质量问题。

（3）信息化管理程度低：信息化管理在施工管理中具有重要作用，但部分施工企业对信息化管理的重视程度不够，导致信息传递不畅，影响施工效率。

2. 效益方面的问题

（1）成本控制不严格：一些施工企业在成本控制方面存在漏洞，导致资源浪费和成本超支。这不仅影响了企业的经济效益，还可能损害企业的声誉。

（2）质量管理不到位：质量管理是保障工程效益的关键环节。然而，部分施工企业在质量管理方面存在疏忽，导致工程质量不达标，影响了社会效益的实现。

（3）环保意识薄弱：在市政工程施工过程中，部分施工企业忽视环保要求，造成环境污染和生态破坏，影响了环境效益的实现。

（三）优化效率与效益并重原则的实施策略

针对当前建筑市政工程施工管理在效率与效益方面存在的问题，可以从以下几个方面进行优化效率与效益并重原则的实施。

1. 提高施工效率

（1）优化施工组织：施工企业应制订科学的施工组织方案，合理安排施工进度和劳动力分配，确保施工过程的连续性和高效性。

（2）引进先进技术：积极引进先进的施工技术和设备，提高施工效率和质量。同时，加强技术创新和研发，推动施工技术的不断进步。

（3）加强信息化管理：利用信息化手段提高施工管理的效率和准确性。建立完善的信息管理系统，实现施工信息的实时共享和传递，提高决策效率和执行力。

2. 提升效益水平

（1）严格控制成本：加强成本核算和控制，避免资源浪费和成本超支。通过优化施工方案、降低材料消耗等方式降低成本，提高经济效益。

（2）强化质量管理：建立完善的质量管理体系，加强质量检测和监控，确保工程质量符合标准和要求。通过提高工程质量，提升社会效益和客户满意度。

（3）增强环保意识：在施工过程中，严格遵守环保法规和要求，采取环保措施减少污染和破坏。通过绿色施工和可持续发展理念，实现环境效益的提升。

效率与效益并重原则是建筑市政工程施工管理的重要指导原则。在实际施工过程中，施工企业应始终坚持这一原则，通过优化施工组织、引进先进技术、加强信息化管理等方式提高施工效率；同时，通过严格控制成本、强化质量管理、增强环保意识等方式提升效益水平。只有实现效率与效益的双重提升，才能推动建筑市政工程施工管理的不断进步和发展。

此外，政府和社会各界也应加强对施工管理的支持和监督，为施工企业创造良好的发展环境。通过共同努力，我们可以推动建筑市政工程施工管理效率与效益的不断提升，为城市建设和经济发展做出更多的贡献。

总之，效率与效益并重原则在建筑市政工程施工管理中具有举足轻重的地位。只有深入理解和贯彻这一原则，才能确保施工过程的顺利进行和工程质量的可靠保障，实现经济效益和社会效益的共赢。

第五节　建筑市政工程施工管理的目标与任务

一、施工管理的总体目标

施工管理是建筑市政工程项目中不可或缺的一环节，它贯穿整个施工过程的始终，其涉及项目的规划、组织、协调、控制等多个方面。施工管理的总体目标是确保工程的高质量、高效率、高安全性以及经济效益和社会效益的最大化。下面将详细探讨施工管理的总体目标及其实现路径。

（一）施工管理的总体目标概述

施工管理的总体目标可以概括为以下几个方面：确保工程质量、提高施工效率、保障安全生产、控制成本、优化资源配置以及实现环境友好型施工。这些目标相互关联、相互支撑，共同构成了施工管理的核心内容。

（二）确保工程质量

工程质量是施工管理的首要目标。为实现这一目标，需要采取以下措施。

（1）制定严格的质量管理体系，明确质量标准和验收程序，确保施工过程符合质量要求。

（2）加强材料管理，确保使用的材料符合规范，避免因材料问题导致工程质量不达标。

（3）强化质量检测和监控，及时发现并纠正施工过程中的质量问题，确保工程质量稳步提升。

（三）提高施工效率

提高施工效率是施工管理的重要目标之一。为实现这一目标，可以从以下几个方面入手。

（1）优化施工组织设计，合理安排施工进度和劳动力分配，确保施工过程的连续性和高效性。

（2）引进先进的施工技术和设备，提高施工效率和质量，缩短工期。

（3）加强信息化管理，利用现代技术手段提高施工管理的效率和准确性，实现施工过程的精细化控制。

（四）保障安全生产

安全生产是施工管理的重中之重。为确保施工安全，需要采取以下措施。

（1）建立健全的安全生产管理体系，明确安全责任和操作规程，确保施工过程中的安全可控。

（2）加强安全教育和培训，提高施工人员的安全意识和操作技能，防范安全事故的发生。

（3）定期进行安全检查和评估，及时发现并消除安全隐患，确保施工现场的安全稳定。

（五）控制成本

成本控制是施工管理的重要目标之一。为实现成本控制目标，可以从以下几个方面入手。

（1）制订详细的成本预算和计划，明确各项费用的来源和用途，确保成本控制在合理范围内。

（2）加强成本核算和监控，及时发现并纠正成本偏差，防止成本超支。

（3）优化资源配置，合理利用人力、物力、财力等资源，提高资源利用效率，降低成本支出。

（六）优化资源配置

优化资源配置是施工管理中的关键环节。通过合理的资源配置，可以提高施工效率、降低成本并减少浪费。为实现这一目标，需要做到以下几点。

（1）根据施工需求和实际情况，制订详细的资源配置计划，确保资源的充分利用。

（2）加强资源调度和协调，确保各项资源在施工过程中的及时供应和合理使用。

（3）推广节能减排和资源循环利用的理念，减少资源消耗和环境污染，实现可持续发展。

（七）实现环境友好型施工

随着环保意识的日益增强，实现环境友好型施工已成为施工管理的重要目标。为实现这一目标，需要采取以下措施。

（1）严格遵守环保法规和要求，制订环保施工方案和措施，确保施工过程符合环保标准。

（2）推广绿色建筑材料和施工技术，减少施工过程中的污染和排放。

（3）加强施工现场的环境管理和监测，及时发现并处理环境问题，确保施工活动对环境的影响最小化。

施工管理的总体目标是多方面的、综合性的，它要求我们在确保工程质量的基础上，提高施工效率、保障安全生产、控制成本、优化资源配置并实现环境友好型施工。而这些目标的实现需要施工企业从制度建设、技术创新、人员培训等多个方面入手，不断提升施工管理水平。同时，政府和社会各界也应加强对施工管理的支持和监督，共同推动施工管理的不断进步和发展。

在施工过程中，我们还需注重与各方面的沟通与协调，确保施工管理的总体目标得以顺利实现。例如，加强与业主、设计单位、监理单位等的沟通与协作，确保施工过程中的信息传递畅通，使问题能够及时解决。此外，还需关注行业动态和技术发展趋势，通过不断引入新的管理理念和技术手段，提升施工管理的效率和水平。

总之，施工管理的总体目标是确保工程的高质量、高效率、高安全性以及经济效益和社会效益的最大化。通过制定科学的管理策略、加强技术创新和人员培训、优化资源配置以及实现环境友好型施工等措施，我们可以不断推动施工管理目标的实现，从而为建筑市政工程的顺利进行和城市的可持续发展做出积极贡献。

二、施工管理的具体任务

施工管理作为建筑市政工程项目中的核心环节，它承载着确保施工过程有序进行、工程质量可靠以及实现项目经济效益和社会效益的最大化等多重任务。具体而言，施工管理的任务涵盖了从项目启动到竣工验收的各个环节，涉及进度控制、质量控制、成本控制、安全管理以及合同管理等多个方面。下面将详细探讨施工管理的具体任务及其实现方式。

（一）进度控制任务

进度控制是施工管理的重要任务之一。其目标是根据施工计划，合理安排施工工序和工期，确保工程按期完成。为实现这一目标，施工管理团队需要采取以下措施。

（1）制订详细的施工进度计划，明确各项工程的开工、竣工时间节点。

（2）加强进度跟踪和监控，实时掌握施工进度情况，及时调整施工计划。

（3）协调各施工队伍之间的配合，确保施工过程的连续性和高效性。

（二）质量控制任务

质量控制是施工管理的核心任务。其目标是确保工程质量符合设计要求和相关标准，保障人民群众的生命财产安全。为实现这一目标，施工管理团队需要做到以下几点。

（1）建立完善的质量管理体系，明确质量标准和验收程序。

（2）加强对施工过程和材料的质量监控，确保施工过程中的质量可控。

（3）定期组织质量检查和评估，及时发现并纠正质量问题。

（三）成本控制任务

成本控制是施工管理的重要任务之一。其目标是合理控制施工成本，提高项目的经济效益。为实现这一目标，施工管理团队需要采取以下措施。

（1）制订详细的成本预算和计划，明确各项费用的来源和用途。

（2）加强成本核算和控制，确保成本支出在预算范围内。

（3）优化资源配置，提高资源利用效率，降低施工成本。

（四）安全管理任务

安全管理是施工管理的重中之重。其目标是确保施工过程中的安全稳定，防范安全事故的发生。为实现这一目标，施工管理团队需要做到以下几点。

（1）建立完善的安全生产管理体系，明确安全责任和操作规程。

（2）加强安全教育和培训，提高施工人员的安全意识和操作技能。

（3）定期进行安全检查和评估，及时发现并消除安全隐患。

（五）合同管理任务

合同管理是施工管理中的重要环节。其目标是确保施工合同的有效执行，维护施工双方的合法权益。为实现这一目标，施工管理团队需要做好以下工作。

（1）认真审查合同条款，确保合同内容明确、合法、合规。

（2）加强合同执行过程中的监督和管理，确保合同内容得到全面落实。

（3）及时处理合同变更和索赔等事宜，维护施工双方的利益。

（六）协调与沟通任务

施工管理过程中，协调与沟通任务同样重要。其目标是确保各参与方之间的信息畅通、配合默契，共同推动项目的顺利进行。为实现这一目标，施工管理团队需要做到以下几点：

（1）建立有效的沟通机制，确保项目信息在各参与方之间及时传递；

（2）加强与各参与方的沟通协调，解决施工过程中出现的问题和矛盾；

（3）定期组织会议，对各阶段的工作进行总结和部署，确保施工过程的顺利进行。

（七）信息与资料管理任务

在施工管理过程中，信息与资料的管理也是一项不可忽视的任务。其目标是确保施工过程中的信息记录完整、准确，为后续工作提供有力支持。为实现这一目标，施工管理团队需要做到以下几点：

（1）建立完善的信息与资料管理制度，明确各类信息的记录和归档要求；

（2）加强对施工过程中各类信息的收集和整理，确保信息的完整性和准确性；

（3）做好资料的保管和利用工作，为项目的验收、结算和后续维护提供便利。

综上所述，施工管理的具体任务涵盖了进度控制、质量控制、成本控制、安全管理、合同管理、协调与沟通以及信息与资料管理等多个方面。这些任务的完成需要施工管理团队具备丰富的专业知识、严谨的工作态度以及良好的沟通协调能力。同时，随着建筑行业的不断发展和技术进步，施工管理任务也将面临新的挑战和机遇。因此，施工管理团队需要不断学习和创新，以适应行业发展的需求，推动施工管理水平的不断提升。

在未来的施工管理中，我们还应注重引入先进的管理理念和技术手段，如信息化管理、智能化施工等，以提高施工管理的效率和水平。同时，加强与国际先进施工管理经验的交流与合作，借鉴其成功经验，推动我国施工管理的不断进步和发展。

总之，施工管理的具体任务是确保施工过程的顺利进行、工程质量的可靠以及项目经济效益和社会效益的最大化。通过不断完善管理体系、提高管理水平和引入新技术手段，我们可以更好地完成施工管理的各项任务，为建筑市政工程的顺利进行和城市的可持续发展做出积极贡献。

三、目标与任务的实现路径

在施工管理过程中，明确的目标与任务是确保工程顺利进行和取得成功的基石。然而，仅仅设定目标与任务是不够的，还需要制定一套切实可行的实现路径，以确保这些目标与任务得以有效落实。本书将围绕施工管理的目标与任务，探讨其实现路径，以期为施工管理工作提供有益的参考。

（一）目标与任务的明确与细化

实现施工管理目标与任务的首要步骤是明确与细化这些目标与任务。具体而言，就是需要根据工程项目的特点和要求，将总体目标分解为若干个具体、可衡量的子目标，并将任务细化到具体的施工环节和责任人。这样做有助于使每个参与者都明确自己的职责和目标，以此形成共同的工作方向。

（二）制订详细的施工计划

施工计划是实现目标与任务的重要保障。在制订施工计划时，需要充分考虑工程项目的实际情况，包括工期、资源、技术等因素，确保计划的合理性和可行性。同时，施工计划应具有灵活性和可调整性，以便在实际施工过程中根据情况进行调整和优化。

（三）加强进度管理与控制

进度管理是实现工期目标的关键环节。在施工过程中，需要密切关注施工进度，确保各项工程按照计划有序进行。一旦发现进度滞后，应及时分析原因并采取有效措施加以解决，以确保工程按期完成。此外，还应加强对关键节点的控制，确保关键工序的顺利完成，为整个工程的进度提供保障。

（四）强化质量与安全管理

质量与安全管理是施工管理的核心任务。为实现质量目标，需要建立完善的质量管理体系，加强质量检查和验收工作，确保工程质量符合设计要求和相关标准。此外，还需要加强安全教育和培训，提高施工人员的安全意识和操作技能，防范安全事故的发生。施工过程中，应严格执行安全操作规程，确保施工现场的安全稳定。

（五）优化资源配置与成本控制

资源配置与成本控制是实现经济效益目标的重要手段。在施工过程中，应根据工程需求，合理配置人力、物力、财力等资源，确保资源的充分利用和高效利用。此外，还应加强成本核算和控制，制订合理的成本预算和计划，严格控制各项费用的支出，避免成本超支现象的发生。

（六）加强沟通与协调

沟通与协调是实现施工管理目标与任务的重要保障。在施工过程中，各参与方之间需要保持密切的沟通与协作，确保信息的及时传递和问题的及时解决。为此，可以建立定期会议制度，组织各方共同讨论和解决施工过程中出现的问题和矛盾。此外，还应加强与其他相关部门的沟通与协作，形成工作合力，共同推动项目的顺利进行。

（七）引入信息化管理手段

信息化管理是实现施工管理现代化的重要途径。通过引入信息化管理手段，可以实现对施工过程的实时监控和数据分析，提高管理效率和决策水平。例如，可以利用项目管理软件对施工计划、进度、成本等进行全面管理；利用物联网技术对施工现场进行实时监控和预警；利用大数据技术对施工数据进行分析和挖掘，为决策提供有力支持。

（八）持续改进与提升

施工管理是一个持续改进与提升的过程。在实现目标与任务的过程中，需要不断总结经验教训，分析存在的问题和不足，并采取有效措施加以改进。此外，还应关注行业发展趋势和技术创新动态，积极引入新的管理理念和技术手段，推动施工管理水平不断提升。

（九）加强团队建设与人才培养

优秀的团队是实现施工管理目标与任务的关键。因此，需要加强团队建设，培养一支具备专业技能、良好沟通能力和协作精神的施工管理团队。此外，还应注重人才培养，通过培训、交流等方式提高施工管理人员的综合素质和业务水平，为施工管理工作的顺利开展提供有力保障。

综上所述，实现施工管理目标与任务的路径是一个系统工程，需要从明确与细化目标与任务、制订详细的施工计划、加强进度管理与控制、强化质量与安全管理、优化资源配置与成本控制、加强沟通与协调、引入信息化管理手段、持续改进与提升以及加强团队建设与人才培养等多个方面入手。通过这些措施的实施，可以有效推动施工管理目标的实现，为工程项目的顺利进行和成功完成奠定坚实的基础。

第二章 建筑市政工程施工组织设计

第一节 施工组织设计的概念与内容

一、施工组织设计的定义

施工组织设计是工程项目施工的基本技术经济文件，是组织工程施工的指导性文件，也是编制工程投标文件和签订工程承包合同的重要依据。具体来说，它是根据拟建工程的性质、规模、结构特点、施工条件和技术水平等因素进行综合考虑，为拟建工程选择合理的施工方案，确定施工顺序、施工方法、劳动组织和技术组织措施，统筹安排施工现场平面布置，合理组织施工过程，保证工期、质量、安全、环保、成本等目标实现的规划性、指导性文件。

（一）施工组织设计的核心意义

施工组织设计是建筑工程项目管理的重要组成部分，其核心意义在于通过科学合理地规划施工过程，实现工程建设的优质、高效、安全和低耗。具体来说，施工组织设计的主要意义体现在以下几个方面。

（1）提高施工效率：通过优化施工方案和劳动组织，合理安排施工顺序和施工进度，减少不必要的施工等待和浪费，以此提高施工效率。

（2）保证工程质量：通过制定详细的技术措施和质量控制标准，确保施工过程中的每一道工序都符合设计要求和质量标准，从而保证整体工程质量。

（3）确保施工安全：通过制定安全操作规程和应急预案，加强施工现场的安全管理和监督，降低安全事故发生的概率，确保施工人员的生命财产安全。

（4）降低工程成本：通过合理配置资源、优化施工方案和降低材料消耗等措施，有效控制工程成本，提高项目的经济效益。

（二）施工组织设计的主要内容

施工组织设计的内容涵盖了工程建设的各个方面，具体包括以下几个方面。

（1）工程概况：对拟建工程的基本情况进行描述，包括工程性质、规模、结构特点、地理位置、环境条件等。

（2）施工方案：根据工程特点和施工条件，选择合理的施工方法和施工顺序，确定主要施工机械和设备的配置，以及特殊施工技术的采用等。

（3）施工进度计划：根据工期要求和施工方案，编制详细的施工进度计划，包括各分项工程的开始和结束时间、关键节点的控制等。

（4）施工现场平面布置：根据施工需要，合理规划施工现场的平面布置，包括临时设施、材料堆放、机械停放、运输道路等。

（5）劳动组织：根据施工任务和工期要求，合理安排劳动力资源，包括施工队伍的组建、人员培训、劳动力调配等。

（6）技术组织措施：制定针对性的技术措施和质量保证措施，确保施工过程中的技术问题和质量问题得到有效解决。

（7）安全生产和文明施工措施：制定安全生产和文明施工的相关措施和规定，加强施工现场的安全管理和环境保护工作。

（三）施工组织设计的编制原则

在编制施工组织设计时，应遵循以下原则。

（1）符合国家法律法规和行业标准：施工组织设计应符合国家相关法律法规和行业标准的要求，确保施工过程的合法性和规范性。

（2）结合工程实际：施工组织设计应紧密结合工程实际情况，充分考虑施工条件、技术水平和资源状况等因素，确保设计方案的可行性和实用性。

（3）统筹兼顾：施工组织设计应统筹考虑工期、质量、安全、成本等各方面的要求，实现整体效益的最优化。

（4）先进性和适用性相结合：施工组织设计应积极采用新技术、新工艺和新材料，提高施工效率和质量水平；同时，也要注重设计的适用性，确保设计方案能够在实际施工中得到有效应用。

（四）施工组织设计的优化与创新

随着建筑行业的不断发展和市场竞争的加剧，施工组织设计的优化与创新成为提高项目管理水平和提升企业竞争力的重要途径。具体来说，可以从以下几个方面进行优化与创新。

（1）引入现代管理理念和技术手段：将先进的项目管理理念和技术手段引入施工组织设计中，如精细化管理、信息化管理、BIM技术等，以提高设计水平和施工效率。

（2）加强多专业协同设计：在施工组织设计中加强多专业之间的协同合作，充分考虑各专业之间的相互影响和制约关系，实现整体设计的优化。

（3）推行绿色施工和可持续发展理念：在施工组织设计中积极推行绿色施工和可持续发展理念，注重环境保护和资源节约，实现经济效益和社会效益的双赢。

综上所述，施工组织设计是建筑工程项目管理的重要组成部分，具有指导施工、保证质量、控制成本、确保安全等多重作用。通过科学合理地编制施工组织设计，可以实现工程建设的优质、高效、安全和低耗，从而提高企业的市场竞争力和社会形象。因此，在建筑工程项目管理中，应高度重视施工组织设计的编制和实施工作，不断提升设计水平和创新能力，为企业的持续发展和行业的进步做出积极贡献。

二、施工组织设计的主要内容

施工组织设计是建筑工程项目实施过程中的重要环节，它涉及工程项目的方方面面，从施工方案的选择到施工进度的安排，从施工现场的平面布置到劳动力的组织调配，都需要进行细致而周密的规划。以下是施工组织设计的主要内容，旨在全面指导工程项目的施工工作。

（一）工程概况

施工组织设计的首要任务是对工程项目进行全面的了解和分析。这包括对工程规模、结构特点、地理位置、环境条件等基本情况的描述，以及对施工条件、技术难度、工期要求等因素的评估。通过对工程概况的深入了解，可以为后续的施工组织设计提供基础数据和依据。

（二）施工方案

施工方案是施工组织设计的核心内容，它直接关系到工程的施工质量、进度和成本。施工方案的选择应根据工程特点和施工条件，再结合先进的施工技术和经验，最终确定合理的施工方法和施工顺序。此外，还需要考虑施工过程中的技术难点和风险点，制定相应的技术措施和应急预案。

（三）施工进度计划

施工进度计划是施工组织设计的重要组成部分，它规定了工程项目各阶段的开始和结束时间，以及关键节点的控制目标。在编制施工进度计划时，需要充分考虑施工资源的配置、劳动力的调配、施工顺序的安排等因素，确保施工计划的合理性和可行性。此外，还需要根据工程实际情况，及时调整和优化施工进度计划，以应对可能出现的各种变化。

（四）施工现场平面布置

施工现场平面布置是施工组织设计中的重要环节，它涉及施工现场的空间利用、临时设施的搭建、材料堆放、机械停放等方面。在平面布置时，需要充分考虑施工场地的地形地貌、环境条件、交通状况等因素，合理规划施工道路、临时设施、材料堆场等区域，确保施工现场的秩序和安全。

（五）劳动力组织

劳动力组织是施工组织设计中的关键内容，它涉及施工人员的配置、调配和管理。在劳动力组织时，需要根据工程规模和施工进度计划，合理安排劳动力的数量和结构，确保施工队伍的稳定性和高效性。此外，还需要加强施工人员的培训和教育，提高他们的技能水平和安全意识，为施工工作的顺利进行提供保障。

（六）物资供应计划

物资供应计划是施工组织设计中的重要组成部分，它涉及工程项目所需的各种材料、设备、构配件等的采购、运输、保管和使用。在编制物资供应计划时，需要充分考虑施工进度计划和物资需求量的变化，合理确定物资的采购数量和时间，确保施工过程中的物资供应及时、充足和经济。

（七）技术组织措施

技术组织措施是施工组织设计中的关键内容，它涉及施工过程中的技术管理和质量控制。在技术组织措施方面，需要制定详细的技术标准和操作规程，加强施工过程中的技术指导和监督，确保各项技术措施得到有效执行。此外，还需要建立完善的质量管理体系，加强质量检查和验收工作，确保工程质量的合格和优良。

（八）安全生产和文明施工措施

安全生产和文明施工措施是施工组织设计中的必要内容，它关系到施工人员的生命安全和工程项目的社会形象。在安全生产方面，需要制定完善的安全生产管理制度和操作规程，加强施工现场的安全检查和隐患排查，确保施工过程中的安全稳定。在文明施工方面，需要加强施工现场的环境保护和卫生管理，减少施工对周围环境的影响，提升工程项目的社会形象。

（九）环境保护措施

随着社会对环境保护意识的不断提高，施工组织设计中必须充分考虑环境保护措施。这包括制定减少施工噪声、控制扬尘、合理利用水资源、减少废弃物排放等具体方案。此外，还需建立环保监测机制，对施工过程中的环境影响进行实时监控，确保施工活动符合环保法规要求。

（十）风险管理及应急预案

施工组织设计还需要考虑施工过程中可能出现的各种风险，如自然灾害、设备故障、人员伤亡等。为此，需要制订详细的风险管理计划，明确风险识别、评估、应对和监控的流程。此外，还需制定应急预案，对可能发生的突发事件进行预先规划和准备，确保在紧急情况下能够及时有效地应对。

（十一）成本管理与优化

成本是工程项目实施过程中需要重点考虑的因素之一。施工组织设计应包含详细的成本预算和成本控制措施，确保工程项目在预算范围内完成。此外，还需通过优化施工方案、提高施工效率、降低材料消耗等手段，以此来实现成本的有效控制和降低。

综上所述，施工组织设计是一个复杂而系统的过程，它涉及工程项目的多个方面和多个阶段。通过全面而细致的规划，可以确保工程项目的顺利实施和高效完成，为企业的可持续发展和社会的和谐稳定做出积极贡献。

三、施工组织设计的意义与价值

施工组织设计是建筑工程项目施工过程中的重要指导性文件，它涵盖了工程项目的各个方面，从施工方案的选择到施工进度的安排，从施工现场的平面布置到劳动力的组织调配，都需要进行详尽而周密的规划。施工组织设计不仅关乎工程的顺利进行，更直接关系到项目的质量、成本、安全以及企业的经济效益和社会效益。因此，深入理解和把握施工组织设计的意义与价值，对于提升项目管理水平、保障工程质量、降低工程成本、确保施工安全等方面具有重要的作用。

（一）施工组织设计的意义

1. 指导施工实践，确保工程顺利进行

施工组织设计是工程项目施工的基本技术经济文件，它根据工程项目的具体情况，结合施工条件和技术水平，为施工实践提供科学的指导。通过施工组织设计，可以明确施工目标、施工顺序、施工方法以及劳动力、材料、设备等资源的配置，为施工过程的顺利进行提供有力的保障。

2. 优化施工方案，提高施工效率

施工组织设计通过对不同施工方案的比较和分析，进而选择最经济、最合理的方案。这不仅可以减少施工过程中的资源浪费，降低工程成本，还可以提高施工效率，缩短工期。同时，施工组织设计还可以根据施工过程中的实际情况，及时调整和优化施工方案，确保施工过程的顺利进行。

3. 保障工程质量，提升项目品质

施工组织设计注重施工过程中的质量控制，通过制定详细的质量保证措施和质量控制标准，确保施工过程中的每一道工序都符合设计要求和质量标准。这不仅可以保障工程质量的合格和优良，还可以提升项目的整体品质，增强企业的市场竞争力。

4. 确保施工安全，降低安全风险

施工组织设计应充分考虑施工过程中的安全因素，制定完善的安全生产管理制度和操作规程，加强施工现场的安全检查和隐患排查。这不仅可以降低安全事故的发生概率，保障施工人员的生命财产安全，还可以提高企业的安全生产管理水平，以此树立良好的企业形象。

5. 促进项目管理规范化，提升企业综合实力

施工组织设计是项目管理的重要组成部分，它促进了项目管理的规范化、标准化和科学化。通过施工组织设计的编制和实施，可以提高项目管理水平，增强企业的综合实力和市场竞争力。同时，施工组织设计还可以为企业积累宝贵的施工经验和技术资料，为今后的工程项目提供有益的参考和借鉴。

（二）施工组织设计的价值

1. 经济价值

施工组织设计的经济价值主要体现在成本控制和效益提升两个方面。通过合理的施工方案选择和资源配置，施工组织设计可以有效地降低工程成本，提高企业的经济效益。同时，施工组织设计还可以优化施工流程，提高施工效率，缩短工期，从而为企业创造更多的利润空间。

2. 社会价值

施工组织设计的社会价值主要体现在工程质量、安全和环保等方面。通过施工组织设计的实施，可以保障工程项目的质量合格和优良，提高工程项目的社会效益。同时，施工组织设计注重安全生产和文明施工，可以减少施工对周围环境的影响，提升企业的社会形象。此外，施工组织设计还可以推动行业的技术进步和创新发展，为社会的可持续发展做出积极贡献。

3. 技术价值

施工组织设计的技术价值主要体现在施工方案的创新和优化方面。通过施工组织设计，可以探索新的施工方法和技术手段，从而提高施工效率和质量。同时，施工组织设计还可以促进新技术的推广和应用，推动行业的技术进步和创新发展。此外，施工组织设计还可以为企业积累宝贵的施工经验和技术资料，为今后的工程项目提供有益的参考和借鉴。

4. 管理价值

施工组织设计的管理价值主要体现在提升项目管理水平和效率方面。通过施工组织设计的编制和实施，可以规范项目管理流程，明确管理职责和权限，提高项目管理

水平。同时，施工组织设计还可以促进项目团队的协作和沟通，提高项目管理的效率和质量。此外，施工组织设计还可以为企业培养一批懂技术、善管理的项目管理人才，为企业的长远发展提供有力的人才保障。

综上所述，施工组织设计在建筑工程项目施工过程中具有深远意义和重要价值。它不仅为施工实践提供科学的指导，优化施工方案，提高施工效率，还可以保障工程质量，确保施工安全，促进项目管理规范化。同时，施工组织设计还具有显著的经济价值、社会价值、技术价值和管理价值，能够为企业创造更多的利润空间，提升企业的社会形象和技术水平，推动行业的可持续发展。因此，在建筑工程项目管理中，应高度重视施工组织设计的编制和实施工作，充分发挥其重要作用和价值。

第二节　施工组织设计的原则与步骤

一、施工组织设计的原则体系

施工组织设计作为建筑工程项目管理的关键环节，其编制与实施必须遵循一系列科学、合理、系统的原则。这些原则构成了施工组织设计的原则体系，为施工实践提供了指导，确保了工程项目的顺利进行。本书将从多个方面深入探讨施工组织设计的原则体系。

（一）全局性原则

全局性原则是施工组织设计的核心原则之一。它要求在设计过程中，必须从工程项目的整体出发，全面考虑施工过程中的各个环节和因素，确保施工组织的整体性和协调性。这包括对施工目标的明确、施工顺序的合理安排、施工方法的科学选择以及资源的优化配置等方面。通过全局性原则的应用，可以确保施工过程的连贯性和高效性，避免各个环节之间的脱节和冲突。

（二）经济性原则

经济性原则是施工组织设计中的重要原则之一。它要求在满足工程质量、安全和进度要求的前提下，尽可能降低工程成本，提高经济效益。这包括对施工方案的比较和选择、材料设备的合理使用、劳动力的优化配置等方面。通过经济性原则的应用，可以有效控制工程成本，提高企业的盈利能力和市场竞争力。

（三）技术性原则

技术性原则是施工组织设计的基础原则之一。它强调在施工过程中，应充分利用先进的施工技术和设备，提高施工效率和质量。这包括对新工艺、新技术的应用、施工方法的改进以及施工设备的选择等方面。通过技术性原则的应用，可以推动施工技术的进步和创新，提升工程项目的科技含量和附加值。

（四）安全性原则

安全性原则是施工组织设计中不可或缺的原则之一。它要求在施工过程中，必须始终将安全放在第一位，确保施工人员的生命安全和身体健康。这包括制定完善的安全管理制度和操作规程、加强施工现场的安全检查和隐患排查、提供必要的安全防护设施等方面。通过安全性原则的应用，可以有效预防和减少安全事故的发生概率，保障施工过程的平稳进行。

（五）环保性原则

随着社会对环境保护意识的日益增强，环保性原则在施工组织设计中的地位也日益凸显。它要求在施工过程中，应充分考虑对周围环境的影响，采取有效措施减少污染和破坏。这包括控制施工噪声、减少扬尘、合理利用水资源、处理施工废弃物等方面。通过环保性原则的应用，可以实现施工与环境的和谐共生，为社会的可持续发展做出积极贡献。

（六）灵活性原则

灵活性原则是施工组织设计中的重要补充原则。它要求在设计过程中，应充分考虑施工过程中的不确定性和变化性，制定灵活可调的施工方案和应对措施。这包括对施工进度的动态调整、对施工方法的适时改进以及对资源配置的灵活调配等方面。通过灵活性原则的应用，可以应对施工过程中的各种变化和挑战，确保施工过程的顺利进行。

（七）创新性原则

创新性原则是施工组织设计中推动行业进步的关键原则。它鼓励在施工过程中，积极探索新的施工方法、技术和手段，提高施工效率和质量。这包括对施工方案的优化创新、对施工技术的研发应用以及对施工管理的模式创新等方面。通过创新性原则的应用，可以推动施工行业的技术进步和创新发展，以此提升企业的核心竞争力和市场地位。

（八）可持续性原则

可持续性原则是施工组织设计中关注长远发展的原则。它要求在施工过程中，应注重资源的节约和循环利用，促进工程项目的可持续发展。这包括对资源的合理利用、对废弃物的有效处理以及对生态环境的保护等方面。通过可持续性原则的应用，可以实现工程项目的经济效益、社会效益和环境效益的协调统一，为企业的长远发展奠定坚实的基础。

综上所述，施工组织设计的原则体系涵盖了全局性、经济性、技术性、安全性、环保性、灵活性、创新性和可持续性等多个方面。这些原则相互关联、相互补充，共同构成了施工组织设计的核心指导思想。在实际应用中，应根据工程项目的具体特点和要求，灵活运用这些原则，确保施工组织的科学性、合理性和有效性。同时，随着施工技术的不断发展和施工管理的不断进步，施工组织设计的原则体系也将不断完善和更新，以适应新的施工环境和市场需求。

二、施工组织设计的步骤流程

施工组织设计是建筑工程项目管理中的重要环节，它涉及工程项目的整体规划、资源配置、施工顺序安排等多个方面。一个完善的施工组织设计能够确保施工过程的顺利进行，提高施工效率、降低成本、保障工程质量。下面将详细阐述施工组织设计的步骤流程。

（一）项目分析与准备阶段

在进行施工组织设计之前，首先需要对工程项目进行全面分析，了解项目的规模、特点、技术难度以及施工环境等。同时，收集相关资料，包括设计图纸、技术规范、施工合同等，为后续的设计工作提供基础数据。

此外，还需要对施工现场进行勘察，了解地形地貌、地质条件、气候条件等，为施工方案的制定提供依据。

（二）确定施工目标与要求

在项目分析与准备的基础上，明确施工目标与要求。这包括工程质量目标、安全目标、进度目标以及成本控制目标等。同时，根据项目的实际情况，确定施工过程中的关键节点和重点控制环节，为后续的施工组织设计提供指导。

（三）编制施工方案

施工方案是施工组织设计的核心部分，它涉及施工方法的选择、施工顺序的安排、劳动力的组织调配以及材料设备的供应等方面。在编制施工方案时，应充分考虑项目的特点、技术难度以及施工环境等因素，选择最合适的施工方法和顺序。同时，根据施工进度要求，合理安排劳动力的数量和时间，确保施工过程的连续性和高效性。

此外，还需要制订详细的材料设备供应计划，确保施工所需的材料设备按时、按量供应，以此满足施工需求。

（四）制订施工进度计划

施工进度计划是施工组织设计中的重要组成部分，它规定了施工过程中的各个阶段的时间节点和工期要求。在制订施工进度计划时，应充分考虑施工方案的实施情况、劳动力调配、材料设备供应等因素，合理安排各个阶段的施工时间和顺序。同时，根据项目的实际情况，制定灵活可调的进度控制措施，以应对施工过程中的不确定因素。

（五）编制施工平面图

施工平面图是施工组织设计中的重要文件，它反映了施工现场的平面布置情况，包括临时设施、施工道路、材料堆放区、加工区等。在编制施工平面图时，应充分考虑施工现场的地形地貌、气候条件等因素，合理安排各个区域的位置和大小。同时，根据施工进度计划，适时调整施工平面图，确保施工过程的顺利进行。

（六）制定质量保证措施

质量保证措施是确保工程质量的重要手段。在制定质量保证措施时，应明确质量标准和检验方法，制定详细的质量控制流程和措施。同时，加强施工过程中的质量检查和监督，及时发现和纠正质量问题，确保工程质量的合格和优良。

（七）制定安全生产措施

安全生产是施工过程中的重要保障。在制定安全生产措施时，应明确安全管理制度和操作规程，加强施工现场的安全检查和隐患排查。同时，提供必要的安全防护设施和劳动保护用品，加强安全教育和培训，提高施工人员的安全意识和操作技能。

（八）编制成本预算与控制措施

成本预算与控制是施工组织设计中的关键环节。在编制成本预算时，应充分考虑施工方案的实施情况、材料设备价格、劳动力成本等因素，制订合理的成本预算方案。同时，制定详细的成本控制措施，它包括材料设备的节约使用、劳动力的合理调配、施工进度的控制等，确保施工过程中的成本控制在预算范围内。

（九）审查与调整施工组织设计

施工组织设计完成后，需要进行审查与调整。审查的目的是检查设计的完整性和合理性，确保各项措施符合项目实际情况和施工要求。调整则是根据审查结果和实际情况，对施工组织设计进行必要的修改和完善。通过审查与调整，可以确保施工组织设计的科学性和实用性。

（十）实施与监控施工组织设计

施工组织设计的最终目的是指导施工实践。因此，实施过程中，应严格按照设计的要求和措施进行施工，确保施工过程的顺利进行。同时，加强施工过程中的监控和管理，及时发现和解决施工中的问题，确保施工组织设计的有效实施。

综上所述，施工组织设计的步骤流程包括项目分析与准备、确定施工目标与要求、编制施工方案、制订施工进度计划、编制施工平面图、制定质量保证措施、制定安全生产措施、编制成本预算与控制措施、审查与调整施工组织设计以及实施与监控施工组织设计等多个环节。这些步骤相互关联、相互补充，共同构成了施工组织设计的完整体系。通过科学、合理地执行这些步骤，可以确保施工组织设计的有效性和实用性，为工程项目的顺利进行提供有力保障。

第三节　施工组织设计的优化方法

一、优化方法的基本理论

优化方法，作为数学的一个分支，旨在寻找给定条件下的最优解。其基本理论涵盖了多种算法和策略，旨在解决各种复杂问题，从简单的线性规划到复杂的非线性优化问题。本书将深入探讨优化方法的基本理论，包括其定义、分类、基本原理和应用领域等方面。

（一）优化方法的定义与分类

优化方法，又称最优化方法，是一种数学方法，用于在给定约束条件下寻找目标函数的最优解。根据问题的性质和求解方法的不同，优化方法可以分为线性规划、非线性规划、整数规划、动态规划、多目标优化等多个类别。

线性规划是最简单也是最早发展的优化方法之一，其目标函数和约束条件均为线性函数。非线性规划则处理目标函数或约束条件中包含非线性项的情况，通常更加复杂。整数规划要求变量取整数值，这在很多实际问题中都是必要的。动态规划则适用于具有时间或阶段顺序的优化问题，通过将问题分解为若干个子问题来求解。多目标优化则涉及多个目标函数的同时优化，需要找到满足所有目标函数的最优解集。

（二）优化方法的基本原理

优化方法的基本原理主要包括目标函数的定义、约束条件的设置、搜索策略的选择以及算法的实现等方面。

首先，目标函数是优化问题的核心，它描述了需要优化的性能指标。根据问题的不同，目标函数可以是最大化或最小化的形式。约束条件则是对变量的限制，确保解在可行域内。这些约束可以是等式或不等式形式，应根据问题的具体要求进行设置。

其次，搜索策略是优化方法的关键，它决定了如何在解空间中寻找最优解。常见的搜索策略包括梯度下降法、牛顿法、遗传算法、模拟退火算法等。梯度下降法通过计算目标函数的梯度来更新变量的值，逐步逼近最优解。牛顿法则利用目标函数的二阶导数信息来加速收敛。遗传算法则借鉴生物进化原理，通过选择、交叉和变异等操作来产生新的解。模拟退火算法则模拟物理退火过程，通过引入随机性和概率性来避免陷入局部最优解。

最后，算法的实现是优化方法的实践环节。这包括选择合适的编程语言、设计高效的算法结构、处理数据输入和输出等方面。算法的实现需要考虑到计算效率、收敛性、稳定性等多个因素，以确保在实际应用中能够取得良好的效果。

（三）优化方法的应用领域

优化方法在各个领域都有着广泛的应用，包括工程设计、经济管理、交通运输、计算机科学等。在工程设计领域，优化方法可以用于结构设计、材料选择、工艺流程优化等方面，以提高产品的性能和降低成本。在经济管理领域，优化方法可以用于资源配置、生产计划、投资决策等方面，以实现经济效益的最大化。在交通运输领域，优化方法可以用于路线规划、车辆调度、交通流量控制等方面，以提高交通系统的效率和安全性。在计算机科学领域，优化方法可以用于机器学习、数据挖掘、图像处理等方面，以提高算法的性能和准确性。

（四）优化方法的未来发展

随着科技的进步和应用的深入，优化方法面临着新的挑战和机遇。一方面，随着大数据和人工智能技术的快速发展，优化方法需要处理的数据量越来越大，问题的复杂度也越来越高。这要求优化方法具有更高的计算效率和更强的鲁棒性。另一方面，随着实际应用场景的不断拓展，优化方法需要解决的问题也越来越多样化。这要求优化方法具有更强的灵活性和适应性，能够根据不同的问题特点进行定制化的优化。

因此，未来的优化方法需要在以下几个方面进行深入研究和发展：一是提高算法的计算效率和收敛速度，以应对大规模和高复杂度的问题；二是加强算法的鲁棒性和稳定性，以应对数据噪声和不确定性因素的影响；三是拓展算法的应用范围和应用场景，以适应不同领域和问题的需求；四是加强与其他领域的交叉融合，通过引入新的理论和方法，来推动优化方法的创新和发展。

总之，优化方法的基本理论是数学和工程学中的重要组成部分，它具有广泛的应用前景和深远的意义。通过深入研究和发展优化方法的基本理论和应用技术，我们可以为解决各种复杂问题提供更加高效和准确的解决方案，进而推动科技进步和社会发展。

二、优化方法的具体应用

优化方法作为数学和工程学中的重要工具，被广泛应用于各个领域，旨在解决各种复杂问题，以提高效率和性能。本书将详细探讨优化方法在具体应用中的实践，包括其应用背景、应用过程、应用效果以及所面临的挑战与未来发展等方面。

（一）优化方法的应用背景

随着科技的进步和社会的发展，各个领域都面临着越来越复杂的优化问题。无论是在工程设计中寻求最佳的结构和参数配置，还是在经济管理中追求资源的最优配置和利润最大化，抑或在计算机科学中提高算法的性能和效率，都需要借助优化方法来寻找最优解。因此，优化方法的应用背景十分广泛，具有极高的实用价值。

（二）优化方法的具体应用过程

优化方法在具体应用中的过程通常包括以下几个步骤。

（1）问题建模：需要将实际问题抽象为数学模型，明确目标函数和约束条件。目标函数是优化问题的核心，描述了需要优化的性能指标；约束条件则是对变量的限制，确保解在可行域内。

（2）算法选择：根据问题的性质和特点，选择合适的优化算法。优化算法的选择直接影响到求解的效率和精度，因此需要综合考虑问题的规模、复杂度、非线性程度等因素。

（3）参数设置：在算法确定后，需要设置算法的参数，如初始值、步长、迭代次数等。这些参数的设置对算法的收敛速度和求解精度具有重要影响。

（4）求解与优化：利用选定的算法和参数，对问题进行求解和优化。这一过程中，算法会不断迭代更新变量的值，逐步逼近最优解。

（5）结果分析与评估：对求解结果进行分析和评估，判断其是否满足实际需求。如果结果不理想，可能需要调整算法参数或重新选择算法进行求解。

（三）优化方法的具体应用案例

优化方法在具体应用中有着广泛的实践案例。以下列举几个典型的应用领域和案例。

工程设计领域：在机械设计中，优化方法可以用于寻找最佳的材料组合、结构尺寸和工艺参数，以提高机械的性能和降低制造成本。例如，在航空航天领域，优化方法被用于优化飞机翼型设计，以减少阻力并提高飞行效率。

经济管理领域：在资源配置问题中，优化方法可以帮助决策者合理分配有限的资源，以实现经济效益的最大化。例如，在供应链管理中，优化方法可以用于优化库存水平、运输路线和订单分配等，以降低运营成本并提高客户满意度。

计算机科学领域：在机器学习领域，优化方法被广泛应用于模型参数的调整和优化，以提高模型的预测精度和泛化能力。此外，在图像处理、数据挖掘等领域，优化方法也发挥着重要作用，主要用于提高算法的性能和效率。

（四）优化方法的应用效果与挑战

优化方法在具体应用中的效果显著，能够显著提高问题的求解效率和准度，为各个领域的发展提供有力支持。然而，优化方法的应用也面临着一些挑战，主要体现在以下几点。

（1）问题建模的复杂性：在实际应用中，很多问题的建模过程十分复杂，难以准确描述问题的本质和约束条件。这可能导致求解结果与实际问题存在偏差。

（2）算法选择的困难性：不同的问题需要选择不同的优化算法，而算法的选择往往依赖问题的性质和特点。实际应用中，如何选择合适的算法是一个具有挑战性的问题。

（3）参数设置的敏感性：优化算法的参数设置对求解结果具有重要影响。在实际应用中，如何合理设置参数以获得最佳的求解效果是一个需要仔细考虑的问题。

（五）优化方法的未来发展

随着科技的进步和应用场景的拓展，优化方法在未来将继续发挥重要作用。未来，优化方法的发展将呈现以下几个趋势。

（1）算法的创新与优化：针对现有算法的不足和挑战，未来的研究将致力开发更高效、更稳定的优化算法，以适应更复杂的问题和更大规模的数据。

（2）多学科交叉融合：优化方法将与其他学科进行更紧密的交叉融合，如人工智能、大数据、云计算等，共同推动科技进步和社会发展。

（3）实际应用场景的拓展：随着应用领域的不断拓展，优化方法将面对更多元化、更复杂的问题。未来的研究将更加注重实际应用场景的需求和挑战，为各个领域的发展提供更有力的支持。

总之，优化方法在具体应用中发挥着重要作用，为各个领域的发展提供了有力支持。未来，随着科技的进步和应用场景的拓展，优化方法将继续发挥更大的作用，为社会的进步和发展做出更大的贡献。

三、优化方法的实施效果

优化方法作为数学和工程学中的重要工具，被广泛应用于各个领域，以解决复杂问题并提升效率。其实施效果的好坏，直接决定了问题解决的质量和效率。本书将详细探讨优化方法的实施效果，包括其在不同领域的应用效果、效果评估方法、成功案例以及面临的挑战与未来发展等方面。

（一）优化方法在不同领域的应用效果

优化方法的应用范围十分广泛，从工程设计、经济管理到计算机科学等多个领域，都取得了显著的实施效果。

在工程设计领域，优化方法的应用效果尤为突出。通过优化方法，设计师可以精确地找到满足性能要求的最佳设计方案，减少材料的浪费和成本的支出。例如，在航空航天领域，优化方法被广泛应用于飞机和火箭的设计中，实现了结构轻量化和性能优化，提高了飞行器的安全性和经济性。

在经济管理领域，优化方法同样发挥着重要作用。通过优化资源配置、生产计划、投资决策等过程，企业可以实现经济效益的最大化。例如，在供应链管理中，优化方法可以帮助企业优化库存水平、降低运输成本，提高整体运营效率。

在计算机科学领域，优化方法的应用也取得了显著成果。在机器学习、数据挖掘、图像处理等领域，优化方法被用于优化模型参数、提高算法性能，从而实现了更精准的预测和更高效的处理。

（二）优化方法实施效果的评估方法

评估优化方法的实施效果是确保其应用成功的关键步骤。通常，我们可以从以下几个方面进行评估。

（1）目标函数值的改善：优化方法的主要目标是寻找使目标函数达到最优的解。因此，通过比较优化前后的目标函数值，可以直观地评估优化方法的实施效果。

（4）求解效率的提升：优化方法的实施效果还体现在求解效率上。通过比较优化前后所需的时间、计算资源等，可以评估优化方法在提升求解效率方面的效果。

（3）实际应用的改善：除了数学层面的评估，我们还需要关注优化方法在实际应用中的效果。例如，通过比较优化前后产品的性能、成本、客户满意度等指标，可以全面评估优化方法的实际应用效果。

（三）优化方法实施效果的成功案例

优化方法在各个领域的成功应用案例不胜枚举。以工程设计领域的汽车设计为例，优化方法的应用使汽车设计师能够在满足安全性能的前提下，实现车身的轻量化设计，从而降低油耗和排放量。通过优化发动机参数和燃油喷射系统，可以提高汽车的燃油经济性和动力性能。这些优化措施不仅提升了汽车的性能，也降低了生产成本，为企业带来了可观的经济效益。

在经济管理领域，优化方法的应用同样取得了显著成果。以供应链管理为例，通过优化库存水平和运输路线，企业可以降低库存成本和运输成本，以此提高整体运营效率。同时，优化方法还可以帮助企业进行投资决策和风险管理，降低投资风险并提升企业的盈利能力。

（四）优化方法实施效果面临的挑战与未来发展

尽管优化方法在实施过程中取得了显著效果，但仍然面临着一些挑战。首先，优化问题的建模和求解往往涉及复杂的数学和工程知识，需要专业的技术人员进行操作。其次，随着问题规模的扩大和复杂度的增加，优化方法的求解效率和稳定性可能受到影响。最后，实际应用中往往存在多种约束条件和不确定性因素，使优化问题的求解更加困难。

为了克服这些挑战并推动优化方法的进一步发展，我们需要从以下几个方面进行努力：首先，加强优化方法的基础理论研究，提高算法的求解效率和稳定性；其次，推动优化方法与其他学科的交叉融合，引入新的理论和技术手段；最后，加强优化方法在实际应用中的推广和普及，提高企业和个人的优化意识和能力。

总之，优化方法的实施效果在各个领域都得到了充分体现，为解决实际问题提供了有力支持。然而，我们也需要正视实施过程中面临的挑战和不足，并不断努力推动优化方法的进一步发展和完善。相信随着科技的进步和应用场景的拓展，优化方法将在未来发挥更加重要的作用，为社会的进步和发展做出更大的贡献。

第四节　施工组织设计的评价与调整

一、施工组织设计的评价标准

施工组织设计是工程项目实施过程中的重要环节，它涵盖了工程项目的组织管理、资源调配、进度安排、质量控制等多个方面。一个优秀的施工组织设计能够有效提高施工效率，确保工程质量，降低施工成本，进而实现项目的整体效益最大化。因此，建立科学合理的施工组织设计评价标准，对于评估和优化施工组织设计具有重要意义。

（一）评价标准的重要性

施工组织设计的评价标准是评价施工组织设计优劣的准则和依据。通过制定评价标准，可以对不同的施工组织设计进行客观、公正的评估，为项目决策者提供科学依据。此外，评价标准还可以引导施工单位不断优化施工组织设计，提高施工管理水平，推动施工技术的创新与发展。

（二）评价标准的制定原则

全面性原则。评价标准应涵盖施工组织设计的各个方面，它包括组织管理、资源调配、进度安排、质量控制等，确保评价的全面性。

科学性原则。评价标准应基于科学理论和实践经验，结合工程项目的实际情况，制定具有可操作性和可衡量性的指标。

可比性原则。评价标准应具有统一的度量尺度和评价标准，以便对不同施工组织设计进行横向比较。

灵活性原则。评价标准应具有一定的灵活性，能够根据不同工程项目的特点和需求进行调整和补充。

（三）评价标准的具体内容

1.组织管理能力评价

组织管理能力是施工组织设计的核心，它关系到工程项目的顺利实施和高效运作。因此，对组织管理能力进行评价是施工组织设计评价的重要方面。具体评价内容包括以下几点。

（1）组织机构的合理性：评价组织机构是否清晰、合理，是否能够适应工程项目的需求和变化。

（2）人员配备的充分性：评价项目管理人员和技术人员的数量、素质和专业技能是否满足工程项目的要求。

（3）沟通协调的有效性：评价项目团队内部的沟通协作是否顺畅，是否能够及时有效解决施工过程中的问题。

2.资源调配能力评价

资源调配能力是施工组织设计中不可或缺的一环节，它直接影响到工程项目的施工效率和成本控制。因此，对资源调配能力进行评价也是施工组织设计评价的重要内容。具体评价内容包括以下几点。

（1）材料供应的及时性：评价材料采购、运输和储存等环节是否高效，是否能够确保施工所需材料的及时供应。

（2）机械设备配置的合理性：评价施工机械设备的选择、配置和使用是否合理，是否能够满足施工需求并提高施工效率。

（3）劳动力安排的合理性：评价劳动力的数量、技能和工作时间安排是否合理，是否能够保证施工的连续性和高效性。

3.进度安排能力评价

进度安排是施工组织设计的关键要素之一，它关系到工程项目的施工周期和整体效益。因此，对进度安排能力进行评价也是施工组织设计评价的重要组成部分。具体评价内容包括以下两点。

（1）进度计划的合理性：评价进度计划是否科学、合理，是否能够充分考虑施工过程中的各种因素，确保施工进度的可控性。

（2）进度控制的有效性：评价施工单位是否建立了有效的进度控制机制，是否能够及时发现和解决进度偏差，确保工程按期完成。

4.质量控制能力评价

质量控制是施工组织设计的核心目标之一，它直接关系到工程项目的质量和安全。因此，对质量控制能力进行评价也是施工组织设计评价的重要方面。具体评价内容包括以下几点。

（1）质量管理体系的完善性：评价施工单位是否建立了完善的质量管理体系，是否能够确保施工过程的规范化和标准化。

（2）质量检测的有效性：评价施工单位是否进行了有效的质量检测和控制，是否能够确保施工质量符合设计要求和相关标准。

（3）质量问题的处理能力：评价施工单位在出现质量问题时是否能够迅速响应并采取有效措施进行整改，避免质量问题对工程造成不良影响。

（四）评价标准的实施与应用

制定好施工组织设计的评价标准后，需要将其应用于实际工程项目中。在实施过程中，应注意以下几点。

（1）结合工程实际：评价标准的应用应紧密结合工程项目的实际情况，充分考虑项目的特点、规模、技术难度等因素，确保评价的针对性和有效性。

（2）定量与定性相结合：在评价过程中，应综合运用定量和定性分析方法，对施工组织设计的各个方面进行客观、全面评价。

（3）动态调整与优化：评价标准不是一成不变的，应根据工程项目的进展情况和实际需求进行动态调整和优化，确保评价结果的准确性和可靠性。

施工组织设计的评价标准是评估和优化施工组织设计的重要手段。通过制定科学合理的评价标准，可以对施工组织设计进行全面、客观的评价，为项目决策者提供科学依据。同时，评价标准的实施与应用也可以推动施工单位不断优化施工组织设计，提高施工管理水平和技术创新能力。未来，随着工程项目规模的不断扩大和技术复杂度的提高，对施工组织设计评价标准的研究和应用将更加深入和广泛，为工程建设领域的持续发展提供有力支持。

二、施工组织设计的调整策略

在工程项目实施过程中，施工组织设计作为指导施工活动的重要文件，其合理性和有效性直接影响着工程的进度、质量和成本。然而，由于工程项目具有复杂性和多变性的特点，施工组织设计往往需要根据实际情况进行适时的调整。本书旨在探讨施工组织设计的调整策略，以期为实际工程项目提供有益的参考。

（一）施工组织设计调整的重要性

施工组织设计的调整是工程项目管理中的重要环节。随着工程项目的推进，施工现场的环境、资源条件、技术要求等因素都可能发生变化，这就要求施工组织设计必须根据实际情况进行适时的调整，以确保施工活动的顺利进行。通过调整施工组织设计，可以优化资源配置、提高施工效率、降低施工成本，进而实现工程项目整体效益的最大化。

（二）施工组织设计调整的原则

在进行施工组织设计的调整时，应遵循以下原则。

灵活性原则。施工组织设计应具有一定的灵活性，能够根据实际情况进行适时调整。在调整过程中，应注重灵活应对各种变化，确保施工活动的连续性和稳定性。

科学性原则。调整施工组织设计应基于科学理论和实践经验，结合工程项目的实际情况，制订具有可操作性和可衡量性的调整方案。

经济性原则。在调整施工组织设计时，应注重经济效益的考虑，通过优化资源配置、提高施工效率等方式，降低施工成本，实现工程项目经济效益的最大化。

安全性原则。调整施工组织设计应始终遵循安全生产的要求，确保施工过程中的安全管理和风险控制得到有效落实。

（三）施工组织设计的调整策略

1. 优化资源配置

资源配置是施工组织设计的核心内容之一。在调整施工组织设计时，应根据工程项目的实际情况，优化资源配置方案。具体策略包括：

（1）合理调配施工机械设备和劳动力资源，确保施工活动的顺利进行；

（2）加强材料供应管理，确保施工所需材料的及时供应和质量合格；

（3）优化施工现场布局，提高施工场地的利用效率。

2. 调整进度安排

进度安排是施工组织设计的关键要素之一。在工程项目实施过程中，由于各种因素的影响，施工进度可能出现偏差。此时，应根据实际情况对进度安排进行调整。具体策略包括：

（1）分析进度偏差的原因，制定相应的补救措施，确保施工进度得到有效控制；

（2）优化施工顺序和作业方法，提高施工效率，缩短工期；

（3）加强与其他相关方的沟通协调，确保施工活动的协调配合和顺利推进。

3. 加强质量控制

质量控制是施工组织设计的重要目标之一。在调整施工组织设计时，应注重加强质量控制措施。具体策略包括：

（1）完善质量管理体系，明确质量责任和质量标准；

（2）加强施工过程的质量监控和检测，确保施工质量符合设计要求和相关标准；

（3）对质量问题进行及时整改和处理，防止质量问题对工程造成不良影响。

4. 提高风险管理能力

工程项目实施过程中面临着各种风险和挑战。在调整施工组织设计时，应提高风险管理能力，有效应对各种风险。具体策略包括：

（1）加强风险识别和评估，制定相应的风险应对措施；

（2）建立风险预警机制，及时发现和处理潜在风险；

（3）加强与其他相关方的风险沟通和协作，共同应对风险挑战。

（四）施工组织设计调整的实施与保障

为确保施工组织设计调整的有效实施，需要采取以下保障措施。

（1）加强组织领导：成立专门的施工组织设计调整领导小组，负责统筹协调调整工作，确保调整工作的顺利进行。

（2）完善制度体系：建立健全施工组织设计调整的相关制度和规定，明确调整的程序和要求，为调整工作提供制度保障。

（3）强化人员培训：加强对项目管理人员的培训和教育，提高其施工组织设计调整的能力和水平，确保调整工作的质量和效果。

（4）加强监督检查：建立健全监督检查机制，对施工组织设计调整工作进行定期检查和评估，及时发现问题并进行整改。

施工组织设计的调整是工程项目管理中的重要环节，对于确保施工活动的顺利进行和实现工程项目整体效益的最大化具有重要意义。通过优化资源配置、调整进度安排、加强质量控制和提高风险管理能力等策略，可以有效应对工程项目实施过程中的各种变化和挑战。未来，随着工程项目规模的不断扩大和技术复杂程度的提高，对施工组织设计调整的要求也将更加严格和复杂。因此，我们需要不断加强对施工组织设计调整的研究和实践，不断提高调整工作的科学性和有效性，为工程项目的顺利实施和高效运作提供有力保障。

三、评价与调整的案例分析

（一）概述

施工组织设计是工程项目实施过程中的关键环节，它涉及项目的组织、资源、进度、质量等多个方面。然而，由于工程项目实施过程中存在诸多不确定性和变化因素，因此施工组织设计往往需要根据实际情况进行适时评价和调整。本案例以某桥梁工程施工组织设计为例，通过对其评价和调整过程的分析，探讨施工组织设计评价与调整的重要性及实施策略。

（二）工程概况

某桥梁工程位于河流之上，全长×××米，采用钢筋混凝土结构。该工程具有施工难度大、技术要求高、工期紧等特点。为了确保工程的顺利进行，施工单位制定了详细的施工组织设计。

（三）施工组织设计评价

1.组织管理能力评价

在该桥梁工程的施工组织设计中，项目管理团队设置了合理的组织机构，明确了各部门的职责和权限。同时，项目团队配备了充足的管理和技术人员，确保了施工过程中的专业性和高效性。在沟通协调方面，项目团队建立了有效的沟通机制，能够及时解决施工过程中的问题。总体而言，该工程的组织管理能力较强，为施工活动的顺利进行提供了有力保障。

2.资源调配能力评价

在资源调配方面，该工程施工组织设计充分考虑了施工所需的各种资源，包括材料、机械设备和劳动力等。在材料供应方面，施工单位与供应商建立了长期合作关系，确保了材料的及时供应和质量合格。在机械设备配置方面，施工单位根据工程特点和施工需求，合理选择了施工机械设备，提高了施工效率。在劳动力安排方面，施工单位根据施工进度和作业需求，合理安排了劳动力的数量和工作时间，确保了施工的连续性和高效性。

3.进度安排能力评价

在进度安排方面，该工程施工组织设计制订了详细的施工进度计划，并采取了有效的进度控制措施。然而，在实际施工过程中，由于天气、设计变更等因素的影响，施工进度出现了偏差。针对这一问题，施工单位及时调整了施工进度计划，加大了进度控制力度，确保了工程按期完成。

4.质量控制能力评价

在质量控制方面，该工程施工组织设计建立了完善的质量管理体系，明确了质量标准和检验方法。在施工过程中，施工单位严格按照质量标准进行施工，并加强了质量检测和验收工作。然而，在某一施工阶段，由于施工人员的操作不当，导致部分构件质量不符合要求。针对这一问题，施工单位立即进行了整改，并加强了质量管理和培训工作，避免了类似问题的再次发生。

（四）施工组织设计调整策略

1. 优化资源配置

针对施工过程中出现的资源供应问题，施工单位对资源配置进行了优化调整。首先，加强与供应商的合作，确保材料的及时供应和质量稳定。其次，根据施工进度和作业需求，合理调配施工机械设备和劳动力资源，提高资源利用效率。

2. 调整进度安排

针对施工进度偏差问题，施工单位对进度安排进行了调整。首先，分析进度偏差的原因，制定相应的补救措施。其次，优化施工顺序和作业方法，提高施工效率。最后，加强与相关方的沟通协调，确保施工活动的协调配合和顺利推进。

3. 加强质量控制

针对施工过程中出现的质量问题，施工单位加强了质量控制措施。首先，完善质量管理体系，明确质量责任和质量标准。其次，加强质量检测和验收工作，确保施工质量符合设计要求和相关标准。最后，加强质量培训和意识教育，提高施工人员的质量意识和操作技能。

（五）调整后的效果分析

经过对施工组织设计的评价和调整，该桥梁工程在施工过程中取得了显著效果。首先，资源配置得到了优化，材料供应更加稳定，机械设备和劳动力资源得到了合理利用。其次，施工进度得到了有效控制，工程按期完成，避免了工期延误带来的损失。最后，施工质量得到了保障，工程质量符合设计要求和相关标准，得到了业主和相关方的认可。

本案例通过对某桥梁工程施工组织设计的评价和调整过程的分析，展示了施工组织设计评价与调整的重要性及实施策略。在实际工程项目中，我们应根据工程项目的特点和实际情况，对施工组织设计进行适时评价和调整，确保施工活动的顺利进行和工程质量的实现。

展望未来，随着工程项目规模的不断扩大和技术复杂度的提高，对施工组织设计的要求也将更加严格和复杂。因此，我们需要不断加强对施工组织设计的研究和实践，提高施工组织设计的科学性和有效性。此外，我们还应加强与其他相关方的沟通协作，共同应对工程项目实施过程中的各种挑战和变化，推动工程项目的顺利实施和高效运作。

第三章 建筑市政工程施工进度管理

第一节 施工进度管理的目标与内容

一、施工进度管理的核心目标

在工程项目管理中，施工进度管理是一个至关重要的环节。它涉及项目的时间规划、资源调配、质量控制以及风险应对等多个方面，旨在确保工程项目按照预定的目标和计划有序、高效地进行。施工进度管理的核心目标，可以概括为确保工程按时完成、优化资源配置、提升施工效率以及保障施工质量和安全。本研究将详细探讨这些核心目标的内涵及其实现方法。

（一）确保工程按时完成

工程项目的按时完成是施工进度管理的首要目标。工程延期不仅可能导致额外的成本支出，还可能损害企业的声誉和信誉，甚至引发合同违约等法律问题。因此，施工进度管理必须确保工程按照合同约定的工期顺利推进。

为实现这一目标，制订详细、合理的施工进度计划是先要来考虑在内的一点。该计划应充分考虑工程项目的特点、施工条件、资源供应等因素，确保施工活动的连续性和协调性。同此外，施工进度计划还应具备一定的灵活性，以便在实际施工过程中根据具体情况进行适时的调整和优化。

施工过程中，应加强对施工进度的监控和评估。通过定期收集和分析施工进度数据，及时发现和解决施工进度偏差问题。当遇到工期延误等不利情况时，应迅速分析原因，并制定有效的补救措施，确保工程能够尽快回到预定的轨道上。

（二）优化资源配置

资源是工程项目施工的基础和保障。施工进度管理需要关注资源的合理配置和高效利用，以确保施工活动的顺利进行。优化资源配置不仅可以提高施工效率，还可以降低成本支出，提升项目的经济效益。

在资源配置方面，首先应根据施工进度计划，合理预测和安排所需的材料、设备、劳动力等资源。确保资源供应的及时性和充足性，避免因资源短缺而影响施工进度。其次应关注资源的利用效率和质量，通过提高资源的使用效率和降低损耗率，实现资源的节约和成本的降低。

此外，还应加强资源的协调和调度。在工程项目施工过程中，不同施工阶段和工序之间往往需要共享资源。因此，施工进度管理需要加强对资源的统一管理和调度，确保资源的合理分配和高效利用。

（三）提升施工效率

提升施工效率是施工进度管理的另一个重要目标。高效的施工能够缩短工期、降低成本，提高项目的整体效益。为实现这一目标，需要采取一系列措施来优化施工流程和提高施工效率。

首先，应推广先进的施工技术和工艺。通过引进新技术、新工艺和新设备，提高施工过程的自动化和智能化水平，减少人工操作和人为干预，从而提高施工效率和质量。

其次，应加强对施工人员的培训和管理。通过提高施工人员的技能水平和安全意识，减少操作失误和安全事故的发生，确保施工过程的顺利进行。此外，还应建立激励机制，激发施工人员的积极性和创造力，促进施工效率的提升。

最后，应优化施工组织和管理模式。通过合理安排施工顺序和作业时间，加强施工过程的协调和控制，实现施工活动的有序和高效进行。

（四）保障施工质量和安全

施工质量和安全是工程项目建设的生命线。施工进度管理在追求施工效率的同时，必须始终把质量和安全放在首位。只有确保施工质量和安全，才能实现工程项目的长期效益和可持续发展。

为实现这一目标，需要建立、健全质量管理体系和安全管理制度。通过制定详细的施工规范和操作规程，明确施工过程中的质量要求和安全标准。此外，还应加强对施工过程的监督和检查，及时发现和纠正施工中的质量问题和安全隐患。

另外，还应加强施工人员的质量意识和安全意识培训。通过提高施工人员的质量意识和安全意识，确保他们在施工过程中始终遵循质量标准和安全规范，确保施工质量和安全得到有效保障。

综上所述，施工进度管理的核心目标包括确保工程按时完成、优化资源配置、提升施工效率以及保障施工质量和安全。这些目标的实现需要制订详细的施工进度计划、加强施工进度的监控和评估、优化资源配置、推广先进的施工技术和工艺、加强施工人员的培训和管理以及建立健全质量管理体系和安全管理制度等措施的共同作用。只有这样，才能确保工程项目按照预定的目标和计划有序、高效地进行，从而实现工程项目的长期效益和可持续发展。

二、施工进度管理的主要内容

在工程项目实施过程中，施工进度管理扮演着至关重要的角色。它涉及多个方面，从计划制订到实施控制，从资源调配到风险控制，都需要进行细致而全面的管理。本研究将详细探讨施工进度管理的主要内容，包括施工计划的制订、施工进度的控制、施工资源的调配以及施工风险的管理等方面。

（一）施工计划的制订

施工计划是施工进度管理的核心，它是指导施工活动的重要依据。施工计划的制订需要充分考虑工程项目的实际情况，包括工程规模、施工条件、工期要求等因素。具体来说，施工计划应包括以下内容。

（1）施工总进度计划：根据工程项目的总体目标和要求，制订施工总进度计划，明确各阶段的任务和时间节点。

（2）分项工程进度计划：根据施工总进度计划，将工程项目分解为若干个分项工程，为每个分项工程制订具体的进度计划。

资源需求计划：根据施工进度计划，预测和计算所需的施工资源，包括劳动力、材料、设备等，确保施工资源的及时供应和合理配置。

在制订施工计划时，还应注重计划的合理性和可行性。要充分考虑施工过程中的不确定因素，为计划预留一定的弹性空间，以便根据实际情况进行调整和优化。

（二）施工进度的控制

施工进度的控制是施工进度管理的关键环节。它涉及对施工进度的实时监控、分析和调整，确保施工活动按照预先计划有序进行。具体来说，施工进度的控制包括以下几个方面。

（1）进度数据的收集与整理：定期收集施工进度数据，包括已完成工程量、未完成工程量、资源消耗情况等，对数据进行整理和分析，为进度控制提供依据。

（2）进度偏差的分析与处理：通过比较实际进度与计划进度的差异，分析进度偏差的原因和影响，制定相应的处理措施，如调整施工顺序、增加施工力量等，以消除进度偏差。

（3）进度预警与应对：建立进度预警机制，当实际进度严重滞后于计划进度时，及时发出预警信号，启动应急预案，采取有力措施加快施工进度。

在施工进度的控制过程中，应注重与施工人员的沟通与协调。通过定期召开进度会议、建立进度信息共享平台等方式，加强信息共享和沟通协作，共同推动施工进度的顺利进行。

（三）施工资源的调配

施工资源的调配是施工进度管理的重要组成部分。它涉及对劳动力、材料、设备等资源的合理配置和高效利用，以确保施工活动的顺利进行。具体来说，施工资源的调配包括以下几个方面。

（1）劳动力的调配：根据施工进度计划和分项工程的特点，合理安排劳动力的数量和结构，确保施工现场有足够的人力资源。

（2）材料的调配：根据施工进度计划和材料需求计划，提前采购和储备所需材料，确保材料供应的及时性和充足性。同时，加强材料的质量控制，确保材料符合设计要求和使用标准。

（3）设备的调配：根据施工需要，合理配置施工设备，确保设备的数量和性能满足施工要求。加强设备的维护和保养，提高设备的使用效率和寿命。

在施工资源调配过程中，应注重资源的节约和环保。通过推广节能减排技术、优化施工方案等方式，降低资源消耗和环境污染，实现绿色施工。

（四）施工风险的管理

施工风险的管理是施工进度管理不可或缺的一部分。它涉及对施工过程中可能出现的风险进行识别、评估、应对和监控，以确保施工活动的顺利进行。具体来说，施工风险的管理包括以下几个方面。

（1）风险识别与评估：通过对施工过程中的不确定因素进行识别和评估，确定潜在的风险点和风险等级，为风险应对提供依据。

（2）风险应对措施的制定：针对识别出的风险点，制定相应的应对措施，如制定应急预案、加强现场安全管理等，以降低风险发生的概率和影响程度。

（3）风险监控与预警：建立风险监控机制，对施工过程中的风险进行实时监控和预警。当发现潜在风险时，及时采取相应措施进行应对，防止风险扩大和恶化。

在施工风险管理过程中，应注重预防和控制。通过加强现场管理、提高施工人员的安全意识和技能水平等方式，降低施工风险的发生概率，以确保施工活动的安全顺利进行。

综上所述，施工进度管理的主要内容包括施工计划的制订、施工进度的控制、施工资源的调配以及施工风险的管理等方面。这些内容的实施需要综合考虑工程项目的实际情况和要求，注重计划的合理性和可行性，加强进度的实时监控和调整，优化资源的配置和利用，降低施工风险的发生概率和影响程度。通过全面而细致的施工进度管理，可以确保工程项目的顺利进行，实现工程建设的预定目标。

三、目标与内容的逻辑关系

在工程项目管理中，施工进度管理的目标与内容之间存在着紧密的逻辑关系。目标是施工进度管理的方向和追求，而内容则是实现这些目标所需的具体行动和措施。本研究将详细探讨施工进度管理的目标与内容之间的逻辑关系，以期为工程项目管理的实践提供有益的参考。

（一）施工进度管理的目标设定

施工进度管理的目标是工程项目实施过程中的重要指引，它决定了施工活动的方向和重点。施工进度管理的目标通常包括以下几个方面。

首先，确保工程按时完成是施工进度管理的首要目标。这意味着在规定的时间范围内，按照合同要求和计划安排，完成工程项目的所有施工任务。这一目标直接关联到工程项目的经济效益和社会效益，是工程项目成功实施的关键。

其次，优化资源配置也是施工进度管理的重要目标之一。通过合理调配和高效利用劳动力、材料、设备等资源，实现施工过程的连续性和协调性，提高施工效率和质量。优化资源配置有助于降低项目成本，提升项目的经济效益。

最后，保障施工质量和安全也是施工进度管理不可忽视的目标。施工过程中，必须严格遵守质量标准和安全规范，确保施工质量和安全得到有效保障。这不仅关系到工程项目的长期效益和可持续发展，也体现了企业社会责任和公众利益的维护。

（二）施工进度管理的内容实现

施工进度管理的内容是实现上述目标的具体行动和措施。它涵盖了施工计划的制订、施工进度的控制、施工资源的调配以及施工风险的管理等多个方面。

首先，施工计划的制订是施工进度管理的基础。通过深入分析工程项目的特点和要求，制订详细、合理的施工计划，明确各阶段的任务和时间节点。施工计划的制订需要充分考虑施工资源的供应情况、施工条件的变化以及可能的风险因素，确保计划的可行性和实用性。

其次，施工进度的控制是确保施工计划得以顺利执行的关键环节。通过定期收集和分析施工进度数据，及时发现和解决施工进度偏差问题。当发现实际进度滞后于计划进度时，需要迅速分析原因，制定补救措施，调整施工计划，确保工程能够尽快回到预定的轨道上。

再次，施工资源的调配也是施工进度管理的重要内容。根据施工计划的安排和实际需求，合理调配劳动力、材料和设备等资源，确保施工活动的连续性和高效性。在资源调配过程中，需要注重资源的节约和环保，实现绿色施工和可持续发展。

最后，施工风险的管理也是施工进度管理中不可或缺的一部分。通过识别、评估、应对和监控施工过程中的风险因素，降低风险发生的概率和影响程度。这有助于保障施工活动的安全和稳定，确保工程项目的顺利进行。

（三）目标与内容的逻辑关系

施工进度管理的目标与内容之间存在着紧密的逻辑关系。目标是内容制定的前提和依据，而内容则是实现目标的手段和途径。具体来说，这种逻辑关系体现在以下几个方面。

首先，目标是内容制定的指导方向。施工进度管理的内容需要紧密围绕目标展开，确保每一项措施和行动都服务于目标的实现。例如，在制订施工计划时，需要充分考虑确保工程按时完成的目标要求，合理安排施工顺序和时间节点；在调配施工资源时，需要以实现优化资源配置为目标，提高资源的使用效率和质量。

其次，内容的实施是实现目标的必要过程。施工进度管理的内容需要通过具体的行动和措施来落实和执行，以实现既定的目标。例如，通过加强施工进度的控制和调整，可以确保工程按时完成；通过优化资源配置和降低资源消耗，可以实现成本节约和效益提升；通过加强施工风险的管理和应对，可以保障施工安全和稳定。

最后，目标的实现是内容实施的结果反馈。通过评估施工进度管理的效果和目标达成情况，可以检验内容实施的有效性和合理性，为后续的管理工作提供经验和借鉴。如果目标未能如期实现，则需要反思内容实施中可能存在的问题和不足，调整和完善管理策略和措施。

综上所述，施工进度管理的目标与内容之间存在着紧密的逻辑关系。目标是内容制定的指导方向，而内容是实现目标的手段和途径。两者相互依存、相互促进，共同构成了施工进度管理的完整体系。在工程项目管理中，我们应充分认识到这种逻辑关系的重要性，科学合理地制定施工进度管理的目标和内容，确保工程项目的顺利实施和高效完成。

第二节　施工进度计划的编制与实施

一、进度计划的编制方法

在工程项目管理中，进度计划的编制是一项至关重要的任务。它不仅是项目执行的基础，还是项目控制的核心。进度计划能够确保项目活动按照预定的时间表和里程碑进行，从而满足项目目标和利益相关者的期望。本研究将详细探讨进度计划的编制方法，它包括项目分解、活动排序、活动持续时间估算、资源需求分析和进度计划制订等关键步骤。

（一）项目分解

项目分解是将整个项目分解为更小、更易于管理的组成部分，以便更好地进行进度计划的编制。这个过程通常通过工作分解结构（WBS）来实现。WBS将项目分解为一系列的工作包或任务，每个任务都具有明确的范围、目标和交付成果。通过项目分解，可以确保项目的所有活动都被考虑在内，并为后续的活动排序和持续时间估算提供基础。

（二）活动排序

活动排序是确定项目任务之间依赖关系和先后顺序的过程。这有助于确保项目活动按照逻辑顺序进行，避免时间上的冲突和资源浪费。在活动排序中，常用的方法有前导图法（Precedence Diagramming Method，PDM）和关键路径法（Critical Path Method，CPM）。前导图法使用节点和箭头来表示任务之间的关系，而关键路径法则通过计算每条路径的总浮动时间来确定项目的关键路径。

（三）活动持续时间估算

活动持续时间估算是对项目任务所需时间的预测。这个过程需要考虑多种因素，如任务规模、资源可用性、技术水平、风险因素等。持续时间估算的准确性直接影响进度计划的可行性和可靠性。为了提高估算的准确性，可以采用历史数据、专家判断、类比估算等方法。此外，还需要为估算结果设置一定的缓冲时间，以应对不可预见的情况。

（四）资源需求分析

资源需求分析是评估项目所需各种资源的过程，其包括人力、物力、财力等。通过资源需求分析，可以确保项目在执行过程中获得足够的资源支持，避免资源短缺或浪费。资源需求分析需要考虑资源的可用性、成本、质量等因素，并与活动持续时间估算相结合，以确保资源的合理分配和使用。

（五）进度计划制订

进度计划制订是将以上步骤的结果整合成一个详细的时间计划表的过程。这个计划表通常以甘特图（Gantt Chart）的形式呈现，展示项目的开始和结束时间、任务之间的依赖关系、关键路径等信息。在进度计划制订过程中，需要注意以下几点。

首先，确保计划的合理性和可行性，避免过于乐观或悲观的时间安排；

其次，为关键任务设置合理的里程碑，以便监控项目的进展情况；

再次，考虑项目的风险因素和不确定性，为计划设置一定的弹性；

最后，确保计划与实际工作相结合，及时进行调整和优化。

（六）进度计划的优化与调整

在进度计划编制完成后，还需要进行优化与调整。这包括检查计划的合理性、协调性和可行性，以及根据实际情况对计划进行必要的调整。优化与调整可以通过以下途径实现：

（1）压缩关键路径上的任务时间，以缩短项目总工期；

（2）调整非关键路径上的任务顺序或持续时间，以优化资源利用；

（3）考虑使用并行作业或交替作业等方式，提高工作效率；

（4）根据项目进度监控的结果，对计划进行实时调整，确保项目按计划进行。

综上所述，进度计划编制是一个复杂而细致的过程，需要综合考虑项目的各个方面和因素。通过合理的项目分解、活动排序、持续时间估算、资源需求分析和进度计划制订等步骤，可以编制出符合项目实际情况和需求的进度计划。此外，还需要根据实际情况对计划进行优化与调整，以确保项目的顺利进行和目标的顺利实现。

二、进度计划的实施步骤

在工程项目管理中，进度计划的实施是一个至关重要的环节。一个精心编制的进度计划，如果没有得到有效的实施，其价值和意义将大打折扣。因此，了解并掌握进度计划的实施步骤，对于确保项目的顺利进行和目标的顺利实现具有重要意义。本研究将详细探讨进度计划的实施步骤，它包括进度计划的发布与传达、任务分配与责任明确、进度监控与报告、变更管理与调整以及沟通协作与团队建设等方面。

（一）进度计划的发布与传达

进度计划编制完成后，首要任务是将其发布并传达给项目团队成员和相关利益方。这一步骤的目的是确保所有相关人员都了解并熟悉项目的进度安排，从而能够按照计划进行工作。在发布与传达过程中，需要注意以下几点。

（1）确保进度计划的准确性和完整性，避免出现误解或遗漏；

（2）选择合适的发布渠道和方式，如项目会议、电子邮件、项目管理软件等，确保信息能够准确、及时地传达给相关人员；

（3）强调进度计划的重要性和约束力，要求团队成员严格按照计划执行。

（二）任务分配与责任明确

在进度计划实施过程中，任务分配与责任明确是至关重要的一环节。通过将计划中的任务分配给具体的团队成员，并明确各自的责任和期望成果，可以确保项目的各项工作得到有效推进。在任务分配与责任明确过程中，需要注意以下几点。

（1）根据团队成员的技能、经验和能力进行任务分配，确保任务与人员能力的匹配；

（2）明确任务的具体要求、完成时间和质量标准，避免出现模糊或遗漏；

（3）建立责任追究机制，对未能按时完成任务或未达到质量标准的成员进行问责和处理。

（三）进度监控与报告

进度监控与报告是进度计划实施过程中的核心环节。通过对项目进度的实时监控和定期报告，可以及时发现并解决实施过程中出现的问题，确保项目按计划进行。在进度监控与报告过程中，需要注意以下几点。

（1）制订详细的进度监控计划，明确监控的频率、方式和指标；

（2）使用项目管理软件或工具进行实时监控，收集并分析进度数据；

（3）定期编制进度报告，向项目团队成员和相关利益方汇报项目进展情况；

（4）对进度偏差进行分析和处理，制订补救措施或调整计划。

（四）变更管理与调整

在项目实施过程中，由于各种原因（如需求变更、资源短缺、技术难题等），可能需要对进度计划进行变更和调整。为了确保变更管理的有效性和规范性，需要建立相应的变更管理和调整机制。在变更管理与调整过程中，需要注意以下几点。

（1）对变更请求进行审查和评估，确定其合理性和必要性；

（2）制订详细的变更计划，包括变更的内容、范围、时间和影响等；

（3）与项目团队成员和相关利益方进行充分沟通和协调，确保变更计划的顺利实施；

（4）对变更后的进度计划进行重新评估和审查，确保其合理性和可行性。

（五）沟通协作与团队建设

进度计划的实施离不开团队成员之间的沟通协作和团队建设。一个高效、团结的团队能够更好地应对实施过程中遇到的各种挑战和问题，确保项目的顺利进行。在沟通协作与团队建设过程中，需要注意以下几点。

（1）建立良好的沟通机制和渠道，确保团队成员之间的信息畅通；

（2）定期组织团队建设活动，增强团队凝聚力和向心力；

（3）鼓励团队成员之间的互助和合作，共同解决问题和应对挑战；

（4）对团队成员的工作表现和贡献进行及时认可和奖励，激发其积极性和创造力。

综上所述，进度计划的实施步骤包括进度计划的发布与传达、任务分配与责任明确、进度监控与报告、变更管理与调整以及沟通协作与团队建设等方面。通过认真执行这些步骤，可以确保进度计划得到有效实施，为项目的顺利进行和目标的顺利实现提供有力保障。此外，还需要根据实际情况和项目特点，灵活调整和优化实施步骤，以适应不断变化的项目环境和需求。

三、计划编制与实施的协同管理

在工程项目管理中，计划编制与实施的协同管理是一项至关重要的任务。它涉及项目从规划到执行的全过程，要求项目管理团队在计划编制阶段充分考虑实施过程中的各种因素，同时在实施阶段灵活调整计划以适应实际情况。协同管理有助于提升项目效率，减少资源浪费，并增强项目的可控性和可预测性。本研究将详细探讨计划编制与实施的协同管理，包括两者之间的关系、协同管理的关键要素、面临的挑战以及应对策略等方面。

（一）计划编制与实施的关系

计划编制是项目管理的基础，它为项目提供了明确的目标、范围、时间、成本和质量等方面的指导。一个完善的计划能够确保项目按照既定的目标和要求有序进行，为项目实施提供有力的支持。而实施则是计划的具体执行过程，它涉及资源的调配、任务的分配、进度的控制以及风险的应对等方面。实施过程中的实际情况往往与计划存在一定的差异，需要项目管理团队根据实际情况对计划进行灵活调整。

计划编制与实施之间存在着密切的联系和互动。一方面，计划编制需要考虑实施过程中的各种因素，如资源可用性、技术难度、风险因素等，以确保计划的合理性和可行性。另一方面，实施过程中的实际情况和反馈也需要及时反馈到计划编制中，以便对计划进行必要的调整和优化。因此，计划编制与实施需要保持高度的协同性，以确保项目的顺利进行。

（二）协同管理的关键要素

目标一致性：计划编制与实施的协同管理首先要确保项目目标的一致性。项目管理团队需要在计划编制阶段明确项目的目标、范围和要求，并在实施过程中始终保持对这些目标的关注和追求。

信息共享与沟通：有效的信息共享和沟通是协同管理的基础。项目管理团队需要建立畅通的信息沟通渠道，确保计划编制与实施过程中的信息能够及时、准确地进行传递和共享。

灵活调整与适应：由于项目实施过程中往往会出现各种不可预见的情况，项目管理团队需要具备灵活调整计划的能力。这要求团队在计划编制阶段就考虑到可能的变化因素，并在实施过程中根据实际情况对计划进行适时调整。

监控与评估：协同管理还需要建立有效的监控和评估机制。通过对项目进度的实时监控和计划的定期评估，可以及时发现实施过程中的问题并进行处理，确保项目按预先计划进行。

（三）面临的挑战与应对策略

需求变更频繁：在项目实施过程中，客户需求或项目范围可能发生变化，导致原有计划无法适应。应对策略包括加强与客户的沟通，及时了解并评估需求变更的影响，以及调整计划以适应新的需求。

资源不足或冲突：资源短缺或资源之间的冲突是项目实施中常见的问题。项目管理团队需要提前做好资源规划，确保资源的合理分配和有效利用。同时，可以通过优化工作流程、提高资源利用效率等方式来缓解资源压力。

技术难题与风险：项目实施过程中可能遇到技术难题或风险，影响计划的执行。项目管理团队需要具备风险识别和应对能力，提前制定风险应对策略，并在实施过程中密切关注风险的变化情况，及时采取措施进行防范和应对。

（四）协同管理的实践应用

协同管理在项目管理中具有广泛的应用价值。在实际操作中，项目管理团队可以通过以下方式实现计划编制与实施的协同管理。

（1）制订详细的项目计划，并在实施过程中进行滚动式更新，确保计划的时效性和准确性。

（2）建立项目管理信息系统，实现项目信息的集中存储和共享，提高信息沟通的效率和准确性。

（3）采用敏捷项目管理方法，根据项目实际情况进行快速迭代和调整，以适应不断变化的项目需求和环境。

（4）定期进行项目审查和评估，发现问题并及时处理，确保项目的顺利进行。

综上所述，计划编制与实施的协同管理是项目管理中的关键环节。通过加强目标一致性、信息共享与沟通、灵活调整与适应以及监控与评估等方面的管理，可以有效提升项目的执行效率和成功率。同时，项目管理团队还需要不断学习和探索新的管理方法和工具，以适应不断变化的项目环境和需求。

第三节 施工进度控制的方法与措施

一、进度控制的关键要素

在工程项目管理中，进度控制是一项至关重要的任务。它涉及对项目的时间安排、任务执行和资源调配进行有效管理，以确保项目能够在规定的时间内高质量完成。进度控制的关键要素对于实现项目目标、提升项目效率以及降低项目风险具有重要意义。本研究将详细探讨进度控制的关键要素，它包括时间管理、任务分解与排序、资源调配、风险管理以及监控与调整等方面。

（一）时间管理

时间管理是进度控制的核心要素之一。它涉及对项目的时间框架进行合理规划和分配，确保项目各阶段的工作能够按时完成。时间管理的关键在于制订详细的时间计划，包括项目的开始和结束时间、关键里程碑以及各阶段的任务完成时间等。通过设定明确的时间节点，可以为团队成员提供清晰的工作指引，同时便于监控项目的进度情况。

在时间管理过程中，项目管理团队需要充分考虑项目的实际情况和约束条件，如资源可用性、技术难度等，以确保时间计划的合理性和可行性。此外，还需要根据项目的进展情况和外部环境的变化，对时间计划进行适时调整和优化，以适应项目需求的变化。

（二）任务分解与排序

任务分解与排序是进度控制的另一个关键要素。它通过将项目分解为若干个子任务或工作包，可以更加清晰地了解项目的组成和结构，便于对项目进行进度控制和资源管理。同时，对任务进行排序可以明确任务之间的依赖关系和先后顺序，确保项目工作按照逻辑顺序进行，避免时间上的冲突和资源浪费。

在任务分解与排序过程中，项目管理团队需要采用科学的方法和技术，如工作分解结构（WBS）和关键路径法（CPM）等，对项目进行细致的分析和规划。通过合理划分工作包和确定关键路径，可以更加准确地预测项目的进度和风险，为进度控制提供有力支持。

（三）资源调配

资源调配是进度控制的关键因素之一。资源包括人力、物力、财力等各个方面，是项目得以顺利进行的基础。在进度控制过程中，项目管理团队需要根据项目需求和任务要求，合理分配和调配资源，确保项目各阶段的工作都能够得到足够的资源支持。

资源调配需要考虑资源的可用性、成本以及与其他任务的协调等因素。项目管理团队需要建立有效的资源管理机制，对资源进行统一规划和管理，避免资源的浪费和冲突。此外，还需要根据项目的进展情况和资源需求的变化，适时调整资源调配方案，以应对可能出现的风险和挑战。

（四）风险管理

风险管理是进度控制不可或缺的一部分。项目在实施过程中面临着各种不确定性因素，如技术难题、市场变化、政策调整等，这些因素都可能对项目的进度产生影响。因此，项目管理团队需要识别和分析项目中的潜在风险，并制定相应的风险应对策略。

在风险管理过程中，项目管理团队需要建立风险识别机制，定期评估项目的风险状况。对于已经识别出的风险，需要制定相应的应对措施，如调整进度计划、增加资源投入等，以减轻风险对项目进度的影响。此外，还需要建立风险监控机制，对项目的风险进行实时监控和预警，以便及时发现和处理可能出现的问题。

（五）监控与调整

监控与调整是进度控制的最后一个关键要素。在项目实施过程中，项目管理团队需要对项目的进度进行实时监控，收集和分析进度数据，了解项目的实际进展情况。通过与计划进度的对比，可以发现进度偏差和潜在问题，并及时采取措施进行调整和优化。

监控与调整的过程需要持续进行，项目管理团队需要定期召开进度会议，对项目的进度情况进行讨论和分析。对于出现的进度偏差，需要分析其原因并制定相应的纠正措施。此外，还需要根据实际情况对进度计划进行适时调整，以适应项目需求和环境的变化。

综上所述，进度控制的关键要素包括时间管理、任务分解与排序、资源调配、风险管理以及监控与调整等方面。这些要素之间相互关联、相互影响，共同构成了进度控制的核心框架。通过有效管理这些要素，可以实现对项目进度的有效控制，确保项目能够按时、高质量地完成。此外，还需要不断学习和探索新的进度控制方法和工具，以适应不断变化的项目环境和需求。

二、进度控制的具体方法

在项目管理中，进度控制是确保项目按时交付、达到预期目标的关键环节。通过运用一系列具体方法，项目团队能够更有效地监控、调整和优化项目进度，确保项目按计划顺利进行。本研究将详细探讨进度控制的具体方法,其包括甘特图、关键路径法、挣值管理、进度评审与调整以及信息化工具的应用等方面。

(一)甘特图

甘特图是一种直观展示项目进度的方法,它通过横轴表示时间,纵轴列出项目任务,用条形图表示任务的开始和结束时间。甘特图能够帮助项目团队清晰地了解各项任务的进度情况,识别潜在的进度风险,并及时采取措施进行调整。甘特图的作用体现在以下几点。

(1)清晰地展示项目进度:甘特图以图形化的方式呈现项目进度,使团队成员能够直观地了解各项任务的进度情况。

(2)识别进度偏差:通过对比甘特图上的计划进度与实际进度,项目团队可以及时发现进度偏差,并采取相应的纠正措施。

(3)协调任务安排:甘特图能够展示任务之间的依赖关系和先后顺序,有助于项目团队更好地协调任务安排,避免资源冲突和时间延误。

(二)关键路径法

关键路径法是一种通过分析项目任务之间的逻辑关系来确定项目最短完成时间的方法。它通过分析项目中的关键任务和非关键任务,以确定项目的关键路径,从而对项目进度进行更有效的控制。通过关键路径法,项目团队可以了解到以下信息。

(1)确定关键任务:关键路径法能够帮助项目团队识别出对项目进度具有决定性影响的关键任务,从而对这些任务给予更多的关注和资源支持。

(2)优化项目进度:通过对关键路径的分析,项目团队可以找出项目进度中的瓶颈和潜在风险,进而优化任务安排和资源调配,提高项目进度控制的效果。

(3)制订应急计划:在关键路径的基础上,项目团队可以制订针对性的应急计划,以应对可能出现的进度延误或风险事件,确保项目能够按计划顺利进行。

(三)挣值管理

挣值管理是一种通过比较项目的实际成本、计划成本以及预算成本来评估项目进度和性能的方法。它通过对项目的进度和成本进行集成管理,为项目团队提供决策支持。通过挣值管理,项目团队可以了解到以下信息。

评估项目进度绩效:挣值管理通过计算进度偏差和进度绩效指数等指标,帮助项目团队评估项目进度绩效,及时发现进度问题。

监控项目成本:挣值管理不仅关注项目进度,还关注项目成本,通过计算成本偏差和成本绩效指数等指标,以确保项目在预算范围内进行。

优化资源分配:挣值管理提供了关于项目进度和成本的详细信息,有助于项目团队更准确地评估各项任务的实际需求，从而优化资源分配。

（四）进度评审与调整

进度评审与调整是进度控制中不可或缺的一环节。通过定期对项目进度进行评审，项目团队可以及时发现进度偏差和潜在问题，并采取相应措施进行调整。进度评审与调整的具体步骤包括以下几点。

（1）收集进度数据：项目团队需要定期收集项目进度数据，包括已完成任务、未完成任务、进度百分比等。

（2）对比实际进度与计划进度：将收集到的实际进度数据与计划进度数据进行对比，分析进度偏差的原因。

（3）制定调整措施：针对发现的进度偏差和潜在问题，项目团队需要制定具体的调整措施，如调整任务顺序、增加资源投入等。

（4）更新进度计划：根据调整措施，更新项目进度计划，确保后续工作能够按计划进行。

（五）信息化工具的应用

随着信息技术的不断发展，越来越多的项目管理软件和工具被应用于进度控制中。这些信息化工具能够帮助项目团队更高效地管理项目进度，提高进度控制的准确性和及时性。常见的信息化工具包括以下几种。

（1）项目管理软件：如 Microsoft Project、Primavera P6 等，这些软件能够提供强大的项目进度管理功能，包括任务分解、进度安排、资源调配等。

（2）协作平台：如钉钉、企业微信等，这些平台支持团队成员之间的实时沟通和协作，有助于项目团队更好地协调任务安排和解决进度问题。

（3）数据分析工具：通过数据分析工具，项目团队可以对项目进度数据进行深入挖掘和分析，发现潜在问题和规律，为进度控制提供有力支持。

综上所述，甘特图、关键路径法、挣值管理、进度评审与调整以及信息化工具的应用等方法共同构成了进度控制的具体方法体系。项目团队应根据项目的实际情况和需求，灵活运用这些方法，确保项目进度得到有效控制，实现项目的成功交付。同时，随着项目管理理论和实践的不断发展，项目团队还需要不断学习和探索新的进度控制方法和技术，以适应不断变化的项目管理环境。

三、进度控制的保障措施

在项目管理中，进度控制是确保项目按计划顺利进行的关键环节。为有效实施进度控制，需要采取一系列保障措施，以应对可能出现的各种风险和挑战。本研究将详细探讨进度控制的保障措施，其内容包括制订详细的项目计划、建立有效的沟通机制、加强项目团队建设、实施风险管理以及利用信息化工具等方面。

（一）制订详细的项目计划

制订详细的项目计划是进度控制的首要保障措施。项目计划应明确项目的目标、范围、时间、成本等关键要素，并对项目的各项任务进行分解和排序，确定任务的开始和结束时间、负责人以及所需资源等。通过制订详细的项目计划，可以为项目进度控制提供明确的目标和依据，确保项目团队能够按照计划有序开展工作。

在制订项目计划时，需要充分考虑项目的实际情况和约束条件，如资源可用性、技术难度等。此外，还需要采用科学的方法和技术，如关键路径法、甘特图等，对项目进行细致的分析和规划。另外，项目计划应具有灵活性和可调整性，以适应项目需求和环境的变化。

（二）建立有效的沟通机制

有效的沟通是项目进度控制的重要保障。项目团队成员之间需要保持密切的信息交流和协作，确保项目进度信息的准确性和及时性。建立有效的沟通机制，可以促进项目团队内部的协作和配合，提高项目执行的效率和质量。

为了建立有效的沟通机制，项目团队可以采取以下措施。

（1）定期召开项目进度会议，分享项目进展情况和遇到的问题，讨论解决方案。

（2）建立项目信息共享平台，实时更新项目进度信息，方便团队成员随时查看和了解。

（3）采用信息化工具进行实时沟通和协作，如使用项目管理软件、即时通信工具等。

（三）加强项目团队建设

项目团队的素质和能力对进度控制具有重要影响。一个优秀的项目团队能够高效地完成项目任务，有效应对各种挑战和风险。因此，加强项目团队建设是进度控制的重要保障措施之一。

为了加强项目团队建设，可以采取以下措施。

（1）提高团队成员的专业技能和素质，通过培训和学习提升团队的整体能力。

（2）建立良好的团队文化和氛围，增强团队的凝聚力和向心力。

（3）明确团队成员的职责和角色，确保每个人都能够充分发挥自己的优势和能力。

（四）实施风险管理

项目进度控制过程中面临着各种不确定性因素，如技术难题、市场变化、政策调整等，这些因素都可能对项目的进度产生影响。因此，实施风险管理是进度控制的重要保障措施之一。

在实施风险管理时，项目团队需要：

（1）识别和分析项目中可能存在的风险，确定风险的性质和潜在影响；

（2）制定相应的风险应对策略和措施，如风险规避、风险转移、风险减轻等；

（3）建立风险监控机制，对项目的风险进行实时监控和预警，及时发现和处理可能出现的问题。

（五）利用信息化工具

随着信息技术的不断发展，越来越多的信息化工具被应用于项目管理中，为进度控制提供了有力的支持。利用信息化工具可以提高项目进度控制的效率和准确性，降低人为错误和沟通成本。

在利用信息化工具时，项目团队可以：

（1）采用项目管理软件对项目进度进行实时跟踪和管理，确保项目进度信息的准确性和及时性；

（2）利用数据分析工具对项目进度数据进行深入挖掘和分析，发现潜在问题和规律，为进度控制提供决策支持；

（3）使用协作平台加强团队成员之间的沟通和协作，提高项目执行的效率和质量。

（六）完善进度监控与调整机制

进度监控与调整机制是保障项目进度顺利进行的重要环节。项目团队需要定期监控项目的实际进度，与计划进度进行对比分析，及时发现进度偏差并采取相应措施进行调整。此外，还需要建立进度调整的反馈机制，确保调整措施的有效实施和监控。

在完善进度监控与调整机制时，项目团队可以制订详细的进度监控计划，明确监控的频率和方法；建立进度调整的决策流程，确保调整措施的科学性和合理性；加强进度调整后的跟踪和评估，确保调整效果符合预期。

综上所述，制订详细的项目计划、建立有效的沟通机制、加强项目团队建设、实施风险管理以及利用信息化工具等措施共同构成了进度控制的保障措施体系。通过实施这些保障措施，项目团队可以更加有效地控制项目进度，确保项目按时、高质量地完成。同时，随着项目管理理论和实践的不断发展，项目团队还需要不断学习和探索新的进度控制方法和技术，以适应不断变化的项目管理环境和要求。

第四节　施工进度影响因素的分析与应对

一、影响进度的主要因素

在项目管理过程中，项目进度控制是确保项目按计划顺利进行的核心环节。然而，在实际操作中，项目进度往往受到多种因素的影响，导致进度延误或无法达到预期目标。本书将对影响项目进度的主要因素进行深入探讨，以期为项目管理者提供有针对性的参考和建议。

（一）外部环境因素

外部环境因素是影响项目进度的首要因素，它包括政策调整、市场变化、自然灾害等。这些因素具有突发性和不可预测性，对项目进度产生直接影响。

（1）政策调整：政策的变化可能导致项目所需资源、成本、时间等方面发生变化，进而影响项目进度。例如，政府出台新的环保政策，可能导致项目需要增加环保投入，从而延长项目周期。

（2）市场变化：市场需求、价格波动等因素的变化，可能导致项目收益预期发生变化，进而影响项目团队的工作积极性和进度控制。例如，市场竞争加剧可能导致项目销售困难，进而影响项目资金回笼和后续工作的推进。

（3）自然灾害：地震、洪水等自然灾害可能导致项目现场受损，设备损坏，人员伤亡，进而造成项目进度延误。在应对自然灾害时，项目团队需要采取有效的应急措施，降低灾害对项目进度的影响。

（二）内部管理因素

内部管理因素是项目进度控制的关键环节，其包括项目计划制订、团队沟通协作、资源调配等方面。

（1）项目计划制订：项目计划的合理性和可行性对进度控制至关重要。如果项目计划制订不合理，任务分解不细致，时间安排不紧凑，可能导致项目进度延误。因此，项目团队在制订计划时应充分考虑项目的实际情况和约束条件，确保计划的合理性和可操作性。

（2）团队沟通协作：项目团队内部的沟通协作状况对进度控制具有重要影响。如果团队成员之间沟通不畅，信息传递不及时，可能导致任务重复、遗漏或延误。因此，项目团队应建立有效的沟通机制，加强团队成员之间的信息共享和协作配合，确保项目进度的顺利推进。

（3）资源调配：资源的合理配置和有效利用是项目进度控制的重要保障。如果项目所需资源不足或调配不当，可能导致任务无法按时完成。因此，项目团队应提前进行资源规划和调配，确保项目所需资源的充足性和及时性。此外，还需要根据项目的实际情况和需求，灵活调整资源分配方案，以适应项目进度的变化。

（三）技术风险因素

技术风险是影响项目进度的重要因素之一，它包括技术难度、技术变更等。

（1）技术难度：项目的技术难度越高，对团队成员的技术水平要求也越高。如果团队成员的技术水平不足以应对项目的技术挑战，可能导致项目进度延误。因此，项目团队在项目实施前应充分评估项目的技术难度，确保团队成员具备相应的技术能力。

（2）技术变更：在项目实施过程中，可能会出现技术变更的情况。技术变更可能导致原有计划无法继续执行，需要重新调整项目进度安排。为了应对技术变更带来的风险，项目团队需要保持对新技术的学习和掌握，及时更新项目计划和实施方案。

（四）人为因素

人为因素是影响项目进度的另一个重要因素，其包括工作态度、责任感、能力水平等。

（1）工作态度：团队成员的工作态度对项目进度具有重要影响。如果团队成员缺乏工作积极性或责任感不强，可能导致工作效率低下，进而影响项目进度。因此，项目团队应加强对团队成员的激励和约束，提高他们的工作积极性和责任感。

（2）能力水平：团队成员的能力水平直接关系到项目任务的完成情况。如果团队成员的能力水平不足以胜任项目任务，可能导致任务无法按时完成。因此，项目团队在组建时应充分考虑团队成员的能力水平和经验背景，确保团队成员具备完成项目任务所需的能力。

综上所述，影响项目进度的主要因素包括外部环境因素、内部管理因素、技术风险因素和人为因素等。为了有效控制项目进度，项目团队应充分考虑这些因素，提前制定应对策略和措施。此外，还需要加强项目团队的建设和管理，提高团队成员的素质和能力水平，确保项目能够按计划顺利进行。同时，随着项目管理理论和实践的不断发展，项目团队还需要不断学习和掌握新的进度控制方法和技术，以适应不断变化的项目管理环境。

二、影响因素的分析方法

在项目管理过程中，项目进度控制是一项至关重要的任务。为了确保项目按计划顺利进行，项目管理者需要对影响进度的各种因素进行深入分析，从而制定出有效的应对策略。本书将详细探讨影响因素的分析方法，为项目管理者提供实用的参考。

（一）定性与定量分析相结合

定性分析主要通过主观判断、经验总结和专家咨询等方式，对影响进度的因素进行描述和归纳。这种方法能够较为全面地识别出各种可能的影响因素，但往往缺乏具体的量化指标，难以准确评估各因素对进度的影响程度。

定量分析则侧重运用数学、统计等方法，对影响进度的因素进行量化和度量。通过收集项目数据、建立数学模型等方式，可以对各因素进行精确分析和预测，为项目管理者提供决策支持。

在实际应用中，项目管理者应将定性分析与定量分析相结合，充分发挥两者的优势。首先，通过定性分析识别出主要的影响因素；其次，运用定量分析对各因素进行量化和评估；最后，综合考虑定性与定量分析的结果，制定出具有针对性的应对策略。

（二）因果分析法

因果分析法是一种常用的影响因素分析方法，它通过分析事物之间的因果关系，找出影响项目进度的主要因素。在因果分析中，项目管理者需要运用逻辑推理、图表展示等手段，明确各因素之间的因果链条，从而找出问题的根源和关键因素。

因果分析法的步骤包括：首先，确定分析对象和目标；其次，收集相关数据和资料；再次，运用因果图、鱼骨图等工具进行因果关系的梳理和分析；最后，根据分析结果制定改进措施。通过因果分析法，项目管理者可以深入了解项目进度延误的原因，为制定有效的改进措施提供依据。

（三）敏感性分析法

敏感性分析法是一种用于评估各因素对项目进度影响程度的方法。它通过对不同因素进行变动，观察项目进度指标的变化情况，从而确定各因素对进度的敏感性。

在敏感性分析中，项目管理者需要设定不同的参数变动范围，模拟不同情境下的项目进度情况。然后，通过对比分析不同情境下的进度指标变化，确定各因素的敏感性大小。敏感性分析法能够帮助项目管理者识别出对进度影响较大的关键因素，从而优先关注和处理这些因素。

（四）风险矩阵法

风险矩阵法是一种将风险发生的概率和影响程度进行量化评估的方法。在项目进度控制中，项目管理者可以利用风险矩阵法对各影响因素进行风险评估，确定各因素的优先级和处理策略。

具体而言，首先项目管理者需要识别出所有可能的影响因素，并评估每个因素发生的概率和影响程度。其次将概率和影响程度分别划分为不同的等级，并构建一个风险矩阵。通过将各因素放置在风险矩阵中，项目管理者可以直观地了解各因素的风险水平，从而制定出相应的风险应对策略。

（五）专家调查法

专家调查法是一种借助专家经验和智慧进行影响因素分析的方法。在项目进度控制中，项目管理者可以通过组织专家会议、问卷调查等方式，收集专家对影响进度的因素的看法和建议。

专家调查法的优点在于能够充分利用专家的专业知识和经验，快速识别出关键影响因素。然而，该方法也存在一定局限性，如专家意见可能存在主观性、片面性等问题。因此，在使用专家调查法时，项目管理者需要综合考虑多位专家的意见，并进行深入分析和判断。

（六）数据挖掘与机器学习法

随着大数据和人工智能技术的发展，数据挖掘和机器学习方法在影响因素分析中也得到了广泛应用。通过收集和分析大量的项目数据，数据挖掘和机器学习可以帮助项目管理者发现隐藏在数据中的规律和模式，从而识别出影响进度的关键因素。

例如，可以利用数据挖掘技术对历史项目数据进行挖掘和分析，找出导致项目进度延误的常见原因和模式；同时，机器学习算法可以用于预测项目进度的发展趋势，为项目管理者提供决策支持。

综上所述，影响因素的分析方法多种多样，每种方法都有其特点和适用范围。项目管理者在实际应用中应根据项目的实际情况和需求选择合适的方法进行分析。此外，还需要注意各种方法的局限性，避免片面依赖单一方法的结果。通过综合运用多种分析方法，项目管理者可以更加全面、准确地了解影响进度的因素，为制定有效的应对策略提供有力支持。

三、应对策略的制定与实施

在项目管理中，面对影响进度的多种因素，制定并实施有效的应对策略是至关重要的。这些策略不仅能够帮助项目团队规避潜在风险，还能确保项目按计划顺利进行。本书将详细探讨应对策略的制定与实施过程，为项目管理者提供实用的参考。

（一）应对策略的制定

1.识别关键因素

在制定应对策略之前，项目团队需要先识别出影响进度的关键因素。这可以通过定性与定量分析、因果分析、敏感性分析等方法来实现。识别关键因素的过程应综合考虑项目的实际情况、资源状况、技术难度等方面，确保所识别的因素具有代表性和针对性。

2.评估风险与影响

对于识别出的关键因素，项目团队需要进一步评估其潜在风险和影响程度。这可以通过风险矩阵法、专家调查法等方法进行。评估结果将为制定应对策略提供重要依据，帮助项目团队确定优先处理的因素和应对措施。

3.制定针对性策略

根据评估结果，项目团队需要制定具有针对性的应对策略。这些策略应包括预防措施、应对措施和应急措施三个方面。预防措施旨在消除或降低潜在风险的发生概率；应对措施则是在风险发生后采取的补救措施；应急措施则是针对突发事件或不可预见因素制定的紧急预案。

在制定策略时，项目团队需要充分考虑资源的合理配置、技术的可行性以及团队成员的能力水平等因素。此外，还需要确保策略的可操作性和可实施性，避免制定过于理想化或难以实现的策略。

（二）应对策略的实施

1.明确责任与分工

在实施应对策略时，项目团队需要明确各成员的责任和分工。每位成员都应清楚自己的职责和任务，以确保策略的有效执行。同时，项目团队还需要建立有效的沟通机制，确保信息在团队内部的及时传递和共享。

2.制订详细计划

为了确保应对策略的顺利实施，项目团队需要制订详细的实施计划。计划应包括具体的实施步骤、时间安排、资源需求等方面。通过制订详细的计划，项目团队可以更好地掌控实施过程，确保各项措施能够按时、按质完成。

3.加强监控与调整

在实施过程中，项目团队需要加强对应对策略的监控和调整。通过定期检查和评估策略的执行情况，项目团队可以及时发现问题并采取相应措施进行纠正。同时，随着项目的进展和外部环境的变化，项目团队还需要根据实际情况对应对策略进行适时调整，以确保其始终符合项目的实际需求和目标。

（三）实施过程中的注意事项

1.保持灵活性

在制定和实施应对策略时，项目团队需要保持一定的灵活性。由于项目的复杂性和不确定性，很难预见所有可能的风险和因素。因此，项目团队需要随时准备应对突发事件或不可预见因素，根据实际情况灵活调整应对策略。

2. 注重团队协作

应对策略的制定与实施需要项目团队成员的共同努力和协作。团队成员之间应加强沟通与协作，共同分析问题、制定策略并实施方案。通过团队协作，可以充分发挥每位成员的优势和潜力，提高应对策略的有效性和实施效果。

3. 持续改进与优化

应对策略的制定与实施是一个持续改进和优化的过程。项目团队应不断总结经验教训，反思策略的有效性和实施效果，并根据实际情况进行改进和优化。通过持续改进，项目团队可以不断提高应对风险和挑战的能力，确保项目的顺利进行。

综上所述，应对策略的制定与实施是项目管理中不可或缺的一环节。项目团队需要综合运用多种方法识别关键因素、评估风险与影响，并制定有针对性地应对策略。实施过程中，项目团队需要明确责任与分工、制订详细计划、加强监控与调整，并注重团队协作和持续改进。通过科学制定和有效实施应对策略，项目团队可以更好地应对各种挑战和风险，确保项目按如期计划成功完成。

第五节　施工进度管理的效果评价

一、效果评价的标准与指标

在项目管理中，效果评价是一个至关重要的环节，它能够帮助项目管理者全面、客观地评估项目的执行情况和成果，为后续的项目决策和改进提供依据。为了确保效果评价的准确性和有效性，需要建立一套科学、合理的评价标准与指标体系。本书将详细探讨效果评价的标准与指标，为项目管理者提供实用的参考。

（一）效果评价的标准

效果评价的标准是指在进行项目效果评估时所依据的准则和原则。这些标准应该具有客观性、可度量性和可操作性，能够全面反映项目的实际情况和成果。以下是一些常见的效果评价标准。

1. 目标达成度

目标达成度是衡量项目是否达到预期目标的重要标准。它可以通过对比项目实际完成情况与项目计划目标来评估。目标达成度越高，说明项目的执行情况越好，效果越显著。

2. 投入产出比

投入产出比是评价项目经济效益的重要指标。它反映了项目投入与产出之间的关系，即项目所消耗的资源与所取得的成果之间的比例。一个高效的项目应该具备较高的投入产出比，即在有限的资源投入下获得最大的产出。

3. 社会效益

除经济效益外，项目还应该考虑其社会效益。这包括项目对环境、社会和文化等方面的影响。一个成功的项目应该能够在实现经济效益的同时，也带来积极的社会效益。

4. 可持续性

项目的可持续性是指项目在实施过程中和完成后能够持续发挥效益的能力。一个具有可持续性的项目应该具备长期稳定的效益，能够在未来一段时间内继续为相关方带来价值。

（二）效果评价的指标

效果评价的指标是指用于量化评估项目效果的具体数据或参数。这些指标应该能够直接反映项目的实际情况和成果，具有可度量性和可操作性。以下是一些常见的效果评价指标。

1. 时间指标

时间指标是衡量项目是否按时完成的重要参数。它包括项目的实际开始时间、结束时间以及关键节点的完成时间等。通过与计划时间进行对比，可以评估项目的进度控制情况。

2. 成本指标

成本指标用于评估项目的成本控制情况。它包括项目的实际成本、预算成本以及成本偏差等。通过对比实际成本与预算成本，可以分析项目的成本控制效果，找出可能存在的成本超支问题。

3. 质量指标

质量指标是衡量项目产品或服务质量的重要依据。它可以根据项目的具体情况制定，如产品的合格率、客户满意度等。通过收集和分析质量指标数据，可以评估项目的质量管理水平和成果质量。

4. 风险指标

风险指标用于评估项目在实施过程中面临的风险情况。它包括风险发生的概率、影响程度以及应对措施的有效性等。通过对风险指标进行监控和分析，可以及时发现潜在风险并采取相应的应对措施，以确保项目的顺利进行。

5. 创新指标

创新指标用于评估项目在技术创新、管理创新等方面的表现。它可以包括新技术应用情况、管理流程优化程度等。创新指标的评估有助于发现项目中的创新点和亮点，为项目团队提供改进和创新的方向。

（三）建立综合评价模型

为了更全面地评估项目的效果，项目管理者可以建立一个综合评价模型。该模型应综合考虑上述各项标准和指标，通过权重分配和量化评分等方式，对项目效果进行综合评价。综合评价模型可以根据项目的实际情况进行定制和调整，以确保评价的准确性和有效性。

（四）注意事项

在进行效果评价时，项目管理者需要注意以下几点。

（1）确保评价标准的客观性和公正性，避免主观臆断和偏见的影响。

（2）根据项目的实际情况选择合适的评价指标，确保指标能够真实反映项目的成果和效益。

（3）注重数据的收集和分析工作，确保评价数据的准确性和可靠性。

（4）及时反馈评价结果给相关方，以便他们了解项目的执行情况和改进方向。

综上所述，效果评价的标准与指标是项目管理中不可或缺的一部分。通过制定合理的评价标准和选择适当的评价指标，项目管理者可以全面、客观地评估项目的执行情况和成果，为后续的项目决策和改进提供依据。同时，建立综合评价模型并注重数据收集与分析工作也是确保评价准确性和有效性的关键。

二、效果评价的方法与流程

在项目管理中，效果评价是一个至关重要的环节，它旨在全面、客观地评估项目的执行情况和成果，为项目管理者提供决策依据，并促进项目的持续改进。为了确保效果评价的准确性和有效性，需要采用科学的方法，并遵循一定的流程来进行。本研究将详细探讨效果评价的方法与流程，为项目管理者提供实用的参考。

（一）效果评价的方法

效果评价的方法多种多样，可以根据项目的性质、目标和需求选择适合的方法。以下是一些常见的效果评价方法。

1. 对比分析法

对比分析法是一种通过对比项目实际执行情况与计划目标、预期成果之间的差异来评估项目效果的方法。这种方法可以直观地展示项目的完成情况，帮助项目管理者识别存在的问题和改进方向。

2. 因果分析法

因果分析法是通过分析项目执行过程中各种因素之间的因果关系，来评估项目效果的方法。它可以帮助项目管理者找出影响项目效果的关键因素，并制定相应的改进措施。

3. 问卷调查法

问卷调查法是通过向项目相关方发放问卷，收集他们对项目执行情况和成果的评价意见，从而评估项目效果的方法。这种方法可以获取多方意见，使评价结果更加全面和客观。

4. 专家评审法

专家评审法是通过邀请相关领域的专家对项目进行评审，利用他们的专业知识和经验来评估项目效果的方法。这种方法可以获得专业的评价意见，提高评价的准确性和权威性。

（二）效果评价的流程

效果评价的流程应该是一个有序、系统的过程，以确保评价的准确性和有效性。以下是一个典型的效果评价流程范例。

1. 明确评价目标和范围

在进行效果评价之前，首先需要明确评价的目标和范围。这包括确定评价的具体内容、时间节点和评价标准等。明确评价目标和范围有助于确保评价工作的针对性和有效性。

2. 收集评价数据

收集评价数据是效果评价的核心环节。项目管理者需要根据项目的实际情况和评价目标，收集相关的数据和信息。这些数据可以来自项目的文档、报告、记录等，也可以通过问卷调查、访谈等方式获取。收集的数据应该具有代表性、可靠性和有效性。

3. 数据处理与分析

收集到数据后，项目管理者需要对其进行处理和分析。这包括数据的清洗、整理、分类和计算等。通过对数据进行分析，项目管理者可以了解项目的实际情况和成果，找出存在的问题和改进方向。

4. 制定评价报告

基于数据分析的结果，项目管理者需要制定评价报告。评价报告应该全面、客观反映项目的执行情况和成果，它包括项目的完成情况、存在的问题、改进措施等方面。评价报告应该具有清晰的结构和逻辑，便于相关方理解和使用。

5. 反馈与改进

评价报告制定完成后，项目管理者需要将其反馈给相关方，并根据评价结果制定相应的改进措施。反馈与改进是效果评价的重要环节，它有助于项目管理者及时了解项目的实际情况和成果，并采取有效的措施进行改进。

（三）注意事项

在进行效果评价时，项目管理者需要注意以下几点。

（1）确保评价方法的适用性和有效性。不同的项目具有不同的特点和需求，因此需要选择适合的评价方法，并根据实际情况进行调整和优化。

（2）保证评价数据的真实性和可靠性。数据的真实性是评价结果的基础，项目管理者需要采取有效的措施来确保数据的准确性和可靠性。

（3）注重评价的全面性和客观性。效果评价应该考虑项目的各个方面和相关方的利益，避免主观臆断和偏见的影响。

（4）及时反馈评价结果和改进措施。评价结果和改进措施需要及时反馈给相关方，以便他们了解项目的实际情况和改进方向，并采取有效的措施进行改进。

综上所述，效果评价的方法与流程是项目管理中不可或缺的一部分。通过选择合适的方法和遵循科学的流程，项目管理者可以全面、客观地评估项目的执行情况和成果，为项目的持续改进和决策提供有力的支持。同时，注重数据的真实性和可靠性、评价的全面性和客观性，以及及时反馈评价结果和改进措施，也是确保评价工作取得实效的关键。

三、评价结果的应用与反馈

在项目管理中，效果评价不仅仅是一个对过去工作进行总结的环节，更是一个对未来工作进行指导和改进的重要过程。评价结果的应用与反馈，是确保项目持续改进、提升项目管理水平的关键步骤。本书将对评价结果的应用与反馈进行深入探讨，以期为项目管理者提供有益的参考。

（一）评价结果的应用

评价结果的应用，是指将评价所得的数据、分析和结论转化为实际的管理行动和决策依据。具体来说，评价结果的应用主要体现在以下几个方面。

1. 项目决策优化

评价结果为项目管理者提供了关于项目执行情况和成果的全面信息。通过深入分析评价结果，管理者可以了解项目的优点和不足，从而在后续的项目决策中优化资源配置、调整项目计划、改进管理方法等。例如，针对评价中发现的进度滞后问题，管理者可以调整工作计划，增加资源投入，以确保项目按时完成。

2.项目管理改进

评价结果揭示了项目管理中存在的问题和短板。项目管理者应针对这些问题，制定具体的改进措施，并落实到实际工作中。例如，针对评价中反映出的项目团队成员之间沟通不畅问题，管理者可以加强团队沟通培训，优化沟通机制，以提高团队协作效率。

3.项目绩效提升

通过评价结果的应用，项目管理者可以找出影响项目绩效的关键因素，并采取相应的措施进行改进。这有助于提升项目的整体绩效水平，实现项目目标。例如，针对评价中发现的成本超支问题，管理者可以加强成本控制，优化成本管理流程，以降低项目成本。

（二）评价结果的反馈

评价结果的反馈，是指将评价结果及其分析结论传达给相关方，以便他们了解项目的实际情况和改进方向，并采取相应的措施进行改进。反馈的过程不仅是信息的传递，更是对各方责任的明确和激励。具体来说，评价结果的反馈主要包括以下几个方面。

1.反馈对象与方式

评价结果的反馈对象主要包括项目团队成员、项目管理者、利益相关者等。反馈方式可以根据实际情况选择，如面对面沟通、书面报告、会议讨论等。为了确保反馈的有效性和及时性，应根据不同的反馈对象来选择合适的反馈方式。

2.反馈内容与重点

反馈内容应涵盖评价的主要发现、结论和建议。重点应放在项目执行过程中存在的问题、原因分析及改进措施等方面。此外，还应关注项目的亮点和成功经验，以便为今后的项目提供借鉴。

3.反馈效果与跟踪

反馈的效果取决于接收方的理解和行动。为了确保反馈的有效性，项目管理者需要对反馈结果进行跟踪和评估。这包括检查改进措施的实施情况、评估项目绩效的改善程度等。通过跟踪和评估，可以及时调整反馈策略，确保评价结果的应用取得实效。

（三）注意事项

在应用与反馈评价结果时，项目管理者需要注意以下几点。

（1）确保评价结果的准确性和客观性。评价结果的应用与反馈基于数据的真实性和分析的准确性。因此，进行效果评价时，应确保评价方法的科学性和数据的可靠性，避免主观臆断和偏见的影响。

（2）关注相关方的需求和期望。评价结果的反馈应充分考虑相关方的需求和期望，以便他们更好地理解评价结果并采取相应的行动。同时，项目管理者还需要关注相关方的反馈意见，以便及时调整和改进项目管理策略。

（3）持续改进与循环反馈。评价结果的应用与反馈是一个持续改进和循环反馈的过程。项目管理者应持续关注项目的执行情况，定期对项目进行效果评价，并将评价结果及时反馈给相关方。通过不断改进和反馈，可以逐步提高项目的管理水平和绩效水平。

综上所述，评价结果的应用与反馈在项目管理中具有至关重要的作用。通过科学合理地应用评价结果，项目管理者可以优化项目决策、改进项目管理、提升项目绩效；而通过及时有效的反馈，可以促进相关方的理解和行动，推动项目的持续改进和发展。因此，项目管理者应充分重视评价结果的应用与反馈工作，不断提升项目管理水平，实现项目的成功与可持续发展。

第四章 建筑市政工程施工质量管理

第一节 施工质量管理的重要性与目标

一、质量管理的重要性认识

在当今竞争激烈的市场环境中，质量管理的重要性日益凸显。它不仅关乎企业的生死存亡，更涉及企业的声誉、经济效益以及长远发展。因此，对于质量管理的重要性，我们需要有深入的认识和理解。

首先，质量管理是企业提升竞争力的关键。在激烈的市场竞争中，产品质量成为消费者选择产品的重要标准之一。一个拥有优质产品的企业往往能够赢得消费者的青睐，从而在市场上占据有利地位。而质量管理正是确保产品质量的重要手段。通过实施严格的质量管理，企业可以确保产品的设计、生产、销售等各个环节都符合既定的标准和要求，从而提供符合消费者需求的高质量产品。这样的产品不仅能够满足消费者的期望，还能够为企业赢得口碑和市场份额，提升企业的竞争力。

其次，质量管理有助于降低企业成本。在质量管理的过程中，企业需要不断寻求改进和优化生产流程的方法，以减少不必要的浪费和损失。通过提高生产效率、降低原材料消耗、减少废品率等方式，企业可以在保证质量的前提下降低成本，提高经济效益。同时，良好的质量管理还能够减少因质量问题引发的客户投诉和退货，降低售后服务的成本。这些成本的降低不仅可以增加企业的利润，还可以为企业提供更多的资源用于研发和创新，推动企业不断向前发展。

此外，质量管理对于企业的品牌形象和声誉至关重要。优质的产品和服务能够赢得消费者的信任和忠诚，为企业树立良好的品牌形象。而质量管理正是确保产品和服务质量的重要保障。通过实施有效的质量管理，企业可以确保产品和服务的一致性和稳定性，从而提升消费者的满意度和忠诚度。同时，良好的质量管理还能够增强企业的社会责任感和公信力，为企业赢得更多的合作伙伴和投资者，推动企业的可持续发展。

再次，质量管理有助于企业创新和发展。在质量管理过程中，企业需要不断地进行技术创新和管理创新，以适应市场的变化和满足消费者的需求。这种创新能力的提升不仅可以使企业保持领先地位，还可以为企业带来新的增长点和发展机遇。通过质量管理，企业可以发现生产过程中的"瓶颈"和问题，进而寻求解决方案并进行改进。这种持续改进的精神不仅能够提升企业的生产效率和质量水平，还能够激发员工的创新意识和创造力，推动企业不断向前发展。

然而，要实现有效的质量管理并非易事。它需要企业具备完善的质量管理体系、专业的质量管理人才以及严谨的质量管理文化。首先，企业需要建立一套科学、合理的质量管理体系，明确各项质量标准和要求，确保各环节的质量控制得到有效实施。而这需要企业领导层的高度重视和大力支持，同时需要全体员工的积极参与和共同努力。其次，企业需要培养和引进专业的质量管理人才，他们具备丰富的质量管理经验和技能，能够为企业提供有力的技术支持和指导。此外，企业还需要营造一种严谨的质量管理文化，使每位员工都充分认识到质量管理的重要性，并自觉地将质量管理融入日常工作中。

在质量管理过程中，企业还需要注重与客户的沟通和反馈。客户是企业产品和服务的主要受众对象，他们的需求和意见对于企业的质量管理至关重要。通过与客户的沟通和反馈，企业可以及时了解客户的需求和期望，从而针对性地改进产品和服务的质量。同时，客户的反馈还可以为企业提供宝贵的市场信息和改进建议，帮助企业更好地把握市场趋势和发展方向。

综上所述，质量管理对于企业的生存和发展具有重要意义。它不仅能够提升企业的竞争力、降低成本、增强品牌形象和声誉，还能够推动企业创新和发展。因此，我们应该深刻认识到质量管理的重要性，并积极采取措施加强质量管理，为企业的可持续发展奠定坚实的基础。未来，随着市场竞争的加剧和消费者需求的不断变化，质量管理将面临更多的挑战和机遇。我们需要不断探索和创新，以适应市场的变化和满足消费者的需求，推动质量管理事业不断向前发展。

二、质量管理的核心目标

质量管理作为企业运营的核心要素之一，旨在确保产品或服务的质量满足或超越客户的期望，同时实现企业的长期利益。其核心目标不仅关乎质量的保证，更涉及企业的整体战略和可持续发展。以下将对质量管理的核心目标进行深入的探讨。

（一）满足客户需求与期望

质量管理的首要目标是满足客户的需求与期望。客户是企业生存和发展的基石，他们的满意度直接决定了企业的市场地位和竞争力。因此，质量管理要求企业深入了解客户的需求和期望，并将其转化为具体的产品或服务标准。通过持续的质量改进和创新，企业能够确保产品或服务的质量与客户的期望保持一致，甚至超越其预期，从而赢得客户的信任和忠诚。

为实现这一目标，企业需要建立有效的市场调研机制，及时收集和分析客户的需求信息。同时，企业还需要建立以客户为中心的质量管理体系，将客户的需求和期望融入产品或服务的设计、生产、销售等各个环节。此外，企业还应建立客户反馈机制，及时收集和处理客户的反馈意见，以便对产品或服务进行持续改进。

（二）降低质量成本

降低质量成本是质量管理的另一个核心目标。质量成本包括预防成本、鉴定成本、内部故障成本和外部故障成本等。过高的质量成本不仅会增加企业的负担，还可能影响企业的经济效益和竞争力。因此，质量管理要求企业通过优化生产流程、提高生产效率、减少浪费等方式来降低质量成本。

为实现这一目标，企业需要加强生产过程的监控和管理，确保生产流程的稳定性和可靠性。同时，企业还应加强员工的培训和技能提升，提高员工的质量意识和操作技能。此外，企业还应建立完善的质量检测体系，确保产品或服务的质量符合标准要求。

（三）提升产品或服务质量

提升产品或服务质量是质量管理的直接目标。产品或服务的质量是企业赢得市场、树立品牌形象的关键。通过质量管理，企业可以确保产品或服务的性能、可靠性、安全性等方面达到既定标准，从而满足客户的需求并赢得市场的认可。

为实现这一目标，企业需要制定严格的质量标准和规范，确保产品或服务的生产过程符合质量要求。同时，企业还应加强质量检测和监控，及时发现并纠正生产过程中的质量问题。此外，企业还应注重技术创新和研发，通过引进新技术、新工艺和新材料等方式不断提升产品或服务的质量水平。

（四）持续改进与创新

持续改进与创新是质量管理的长期目标。随着市场竞争的加剧和客户需求的不断变化，企业需要不断寻求改进和创新的机会，以应对市场的挑战并保持竞争优势。通过质量管理，企业可以建立一种持续改进的文化和机制，鼓励员工积极参与质量改进活动，以推动企业的创新发展。

为实现这一目标，企业需要建立有效的质量改进机制，明确改进的目标和措施。同时，企业还应加强跨部门协作和沟通，形成合力来推动质量改进工作。此外，企业还应注重知识管理和学习型组织的建设，通过学习和分享经验不断提升企业的质量管理水平。

（五）增强企业竞争力与可持续发展

质量管理的最终目标是增强企业的竞争力和实现可持续发展。通过实现上述目标，企业能够提升产品或服务的质量、降低成本、赢得客户信任和市场份额，从而增强企业的竞争力。同时，质量管理还能够帮助企业建立良好的品牌形象和声誉，为企业的长期发展奠定坚实的基础。

为实现这一目标，企业需要将质量管理纳入企业的战略规划和管理体系中，确保质量管理与企业的整体战略保持一致。同时，企业还应加强质量文化的建设，形成全员参与质量管理的良好氛围。此外，企业还应注重社会责任和可持续发展，通过质量管理推动企业的绿色生产和可持续发展。

综上所述，质量管理的核心目标包括满足客户需求与期望、降低质量成本、提升产品或服务质量、持续改进与创新以及增强企业竞争力与可持续发展。这些目标的实现需要企业从多个方面入手，加强质量管理的各个环节和方面，确保质量管理工作的全面性和有效性。只有这样，企业才能在激烈的市场竞争中立于不败之地，实现长期稳定发展。

三、目标与重要性的关联分析

在企业管理实践中，目标与重要性之间存在着密切的关联。目标是企业期望实现的结果或状态，它指引着企业的行动方向；而重要性则是对目标价值的评价和判断，它决定了企业在实现目标过程中的投入和努力程度。深入理解目标与重要性的关联，有助于企业更加明确自身的战略方向，优化资源配置，提升整体绩效。

首先，目标是企业发展的方向标。企业设定目标是为了实现某种期望的结果或状态，这些目标通常与企业的战略规划、市场竞争地位、客户满意度等方面密切相关。目标是企业行动的指南针，它指导着企业在日常运营中做出决策和采取行动。因此，目标的设定对于企业的发展至关重要。

其次，重要性是对目标价值的判断。不同的目标对于企业而言具有不同的价值，有些目标可能直接关系到企业的生存和发展，而有些目标则可能只是锦上添花。重要性是对目标价值的衡量，它反映了企业在实现目标过程中的重视程度和投入力度。对于重要性高的目标，企业通常会投入更多的资源，采取更加积极的行动来实现；而对于重要性相对较低的目标，企业则可能采取较为保守的策略，或者将其放在次要位置。

目标与重要性之间的关联主要体现在以下几个方面。

（一）目标设定影响重要性判断

企业在设定目标时，会根据自身的战略规划和市场需求等因素来确定目标的重要性和优先级。目标设定的合理性和明确性直接影响着企业对目标重要性的判断。如果目标设定过于模糊或不切实际，企业可能无法准确评估其重要性，导致资源投入不足或行动方向偏离。

（二）重要性判断影响目标实现

企业对目标的重要性判断会直接影响其在实现目标过程中的投入和努力程度。对于重要性高的目标，企业通常会制订详细的实施计划，明确责任人和时间节点，并投入足够的资源来保障其实现。这种重视和投入有助于提升目标实现的概率和效果。

（三）目标与重要性共同决定企业资源配置

企业的资源是有限的，如何合理配置资源以实现既定的目标是企业面临的重要问题。目标与重要性共同决定了企业在资源配置方面的决策。对于重要性高的目标，企业会优先配置资源，确保其顺利实现；而对于重要性相对较低的目标，企业则可能采取节约资源的策略，或者将其放在次要位置。

（四）目标与重要性的动态调整

随着市场环境和企业内外部环境的变化，企业的目标和重要性也会发生相应的调整。企业需要不断评估和调整目标与重要性的关系，以适应市场的变化和满足客户的需求。这种动态调整有助于企业保持灵活性和竞争力，实现可持续发展。

为了更好地发挥目标与重要性的关联作用，企业需要采取以下措施。

1. 明确目标设定标准

企业应制定明确的目标设定标准，确保目标的合理性和明确性。目标应与企业战略规划、市场需求等因素相契合，同时考虑资源的可用性和可行性。

2. 建立目标重要性评估机制

企业应建立目标重要性评估机制，对设定的目标进行价值判断。通过评估目标的潜在收益、风险以及对企业整体战略的影响等因素，确定目标的重要性等级和优先级。

3. 优化资源配置流程

企业应建立科学的资源配置流程，根据目标与重要性的关联来合理分配资源。通过明确责任人和时间节点、制订详细的实施计划等方式，确保重要目标的顺利实现。

4. 加强目标管理与监控

企业应加强对目标实现过程的管理与监控，确保目标按照既定计划推进。同时，建立目标完成情况的考核机制，对未达到预期目标的情况进行分析和改进。

总之，目标与重要性之间存在着密切的关联。企业需要深入理解这种关联，并采取相应的措施来优化目标设定、评估重要性、配置资源和加强管理与监控等方面的工作。通过充分发挥目标与重要性的关联作用，企业可以更加明确自身的战略方向，提升整体绩效，实现可持续发展。

第二节   施工质量管理体系的构建

一、质量管理体系的框架

质量管理体系是企业为确保产品和服务质量,实现质量目标而建立的一套系统性、规范性的管理方法和手段。一个良好的质量管理体系不仅有助于企业提升产品和服务的竞争力,还能够确保企业运营的稳健和可持续发展。本书将详细阐述质量管理体系的框架,包括其核心要素、构建原则以及实施步骤,以期为企业建立和实施质量管理体系提供参考。

(一)质量管理体系的核心要素

质量管理体系的核心要素包括质量方针、质量目标、质量策划、质量控制、质量保证和质量改进等方面。这些要素之间相互关联、相互支持,共同构成了质量管理体系的基础。

质量方针:是企业质量管理的总体指导思想,它明确了企业对质量的态度和追求,为全体员工提供了质量工作的方向和目标。

质量目标:是企业在一定时期内对质量工作的具体期望和要求,它是质量方针的具体化,为质量管理体系的运行提供了可衡量的标准。

质量策划:是制订质量计划、确定质量标准和规范的过程,它涉及产品和服务的整个生命周期,包括设计、采购、生产、销售等各个环节。

质量控制:是对产品和服务的质量进行监测和评估的过程,它通过对生产过程和产品质量的检验、测量和试验等手段,确保产品和服务符合既定的质量标准和客户要求。

质量保证:是通过建立和维护质量管理体系,确保产品和服务的质量稳定可靠,并通过持续改进和提升,满足客户的期望和需求。

质量改进:是通过分析质量数据和反馈信息,识别质量问题的根源,制定改进措施并付诸实施的过程,旨在不断提升质量管理体系的有效性和效率。

(二)质量管理体系的构建原则

在构建质量管理体系时,企业需要遵循以下原则。

(1)以客户为中心:质量管理体系应始终关注客户需求和期望,将客户满意度作为质量工作的核心目标。

（2）领导作用：企业领导应积极参与质量管理体系的建设和运行，为全体员工树立质量榜样，推动质量文化的形成和发展。

（3）全员参与：质量管理体系需要全体员工的共同努力和支持，企业应激发员工的积极性和创造力，共同推动质量工作的持续改进。

（4）过程方法：质量管理体系应注重过程管理和控制，通过对关键过程的识别、分析和优化，实现产品和服务质量的提升。

（5）系统管理：质量管理体系应作为一个整体进行规划和管理，确保各个要素之间的协调性和一致性。

（6）持续改进：质量管理体系应不断寻求改进和创新的机会，通过总结经验教训、引入先进技术和管理方法，提升质量管理体系的水平和效果。

（7）基于事实的决策方法：质量管理体系应建立在充分的数据和信息基础上，通过收集和分析质量数据，为决策提供科学依据。

（8）与供方互利的关系：企业应与供应商建立良好的合作关系，共同提升产品和服务的质量，实现互利共赢。

（三）质量管理体系的实施步骤

实施质量管理体系需要经历以下步骤。

（1）明确质量方针和目标：企业应根据自身特点和市场需求，制定明确的质量方针和目标，为质量管理体系的建设提供指导。

（2）识别关键过程和要素：企业应识别影响产品和服务质量的关键过程和要素，包括人员、设备、材料、方法、环境等方面。

（3）制定质量标准和规范：企业应制定详细的质量标准和规范，明确产品和服务的质量要求和检验方法。

（4）建立质量管理体系文件：企业应建立包括质量手册、程序文件、作业指导书等在内的质量管理体系文件，为质量管理体系的运行提供依据。

（5）实施质量控制和质量保证活动：企业应按照质量管理体系文件的要求，开展质量控制和质量保证活动，确保产品和服务的质量符合标准和客户要求。

（6）开展质量改进活动：企业应定期分析质量数据和反馈信息，识别质量问题的根源，制定改进措施并付诸实施，不断提升质量管理体系的有效性和效率。

（7）定期评审和更新质量管理体系：企业应定期对质量管理体系进行评审和更新，以适应市场和客户需求的变化，确保质量管理体系的持续有效。

质量管理体系是企业实现质量目标、提升竞争力的关键所在。通过明确核心要素、遵循构建原则和实施步骤，企业可以建立起一套高效、实用的质量管理体系，为企业的稳健发展和可持续发展提供有力保障。同时，企业还需要不断关注市场和客户需求的变化，持续优化和改进质量管理体系，以适应不断变化的市场环境。

二、质量管理体系的要素

质量管理体系是企业为确保产品和服务质量，实现质量目标，提升客户满意度而建立的一套系统性、规范性的管理框架。这一体系涵盖了多个核心要素，这些要素之间相互关联、相互支持，共同构成了质量管理体系的完整结构。本书将详细探讨质量管理体系的要素，其包括质量方针与目标、组织结构、职责与权限、资源管理、产品实现、测量分析与改进等方面，以期为企业建立和完善质量管理体系提供指导。

（一）质量方针与目标

质量方针是企业对质量的总体追求和承诺，它体现了企业的质量意识和价值观，为质量管理体系提供了明确的指导思想。质量方针应具有明确性、可操作性和可衡量性，能够激发员工的积极性和创造力，推动质量管理体系的有效运行。

质量目标是企业在一定时期内对质量工作的具体期望和要求，它是质量方针的具体化，为质量管理体系的运行提供了可衡量的标准。企业应制定具有挑战性和可实现性的质量目标，并通过持续改进和努力，实现这些目标。

（二）组织结构、职责与权限

组织结构是质量管理体系的基础，它明确了企业内部的层级关系和部门设置，为质量管理体系的运行提供了组织保障。企业应建立清晰、高效的组织结构，确保各个部门和岗位之间的协调与配合。

职责与权限是质量管理体系中的重要要素，它明确了各个部门和岗位在质量管理体系中的职责和任务，以及所拥有的权限和责任。企业应制定详细的职责与权限说明书，明确各个部门和岗位的职责范围和权限界限，确保质量管理体系的有效运行。

（三）资源管理

资源管理是质量管理体系中的关键要素，它涉及人力资源、物力资源和财力资源的管理。企业应合理配置和利用各种资源，确保质量管理体系的正常运行和持续改进。

在人力资源管理方面，企业应重视员工的培训和教育，提高员工的质量意识和技能水平。同时，建立激励机制和奖惩制度，激发员工的积极性和创造力。

在物力资源管理方面，企业应确保设备、设施和工作环境符合质量标准和客户要求，定期进行维护和保养，保持其良好的运行状态。

在财力资源管理方面，企业应合理分配和使用资金，确保质量管理体系的建设和运行得到充分的投入和保障。

（四）产品实现

产品实现是质量管理体系的核心过程，它涵盖了从产品设计、采购、生产到销售和服务的全过程。企业应建立完整的产品实现流程，确保产品和服务的质量符合标准和客户要求。

在产品设计阶段，企业应充分考虑客户的需求和期望，设计出符合市场需求和质量标准的产品。同时，进行充分的设计验证和确认，确保设计的合理性和有效性。

在采购阶段，企业应选择具有优质供应商，建立稳定的供应链关系，确保采购的原材料和零部件符合质量标准和客户要求。

在生产阶段，企业应制定详细的工艺流程和操作规范，确保生产过程的稳定性和可控性。同时，加强生产过程中的质量监测和控制，及时发现和解决质量问题。

在销售和服务阶段，企业应建立完善的销售网络和售后服务体系，提供及时、专业的服务，增强客户满意度和忠诚度。

（五）测量、分析与改进

测量、分析与改进是质量管理体系中不可或缺的要素，它涉及对质量管理体系运行效果的评价和改进。企业应建立有效的测量和分析机制，对质量管理体系的各个方面进行监测和评估，及时发现和解决问题。

企业应制定合理的测量指标和方法，对质量管理体系的运行效果进行量化评估。同时，运用数据分析技术，对质量数据进行深入挖掘和分析，找出质量问题的根源和潜在风险。

在改进方面，企业应建立持续改进的机制和文化，鼓励员工积极参与质量改进活动。通过制订改进措施和实施计划，不断优化质量管理体系的结构和流程，提升质量管理体系的效率和效果。

综上所述，质量管理体系的要素涵盖了质量方针与目标、组织结构、职责与权限、资源管理、产品实现以及测量、分析与改进等多个方面。这些要素之间相互关联、相互支持，共同构成了质量管理体系的完整框架。

在未来的质量管理体系建设中，企业应继续关注和适应市场变化和客户需求的变化，不断优化和改进质量管理体系的结构和流程。同时，应加强质量管理体系与其他管理体系的整合和协同，以实现企业内部管理的全面优化和提升。

此外，随着信息化技术的发展和应用，企业应积极探索将信息技术应用于质量管理体系中的可能性，提高质量管理体系的信息化水平和智能化水平，为企业的发展提供更加坚实的质量保障。

总之，质量管理体系的要素是企业建立和完善质量管理体系的基础和关键。只有全面把握这些要素的内涵和要求，才能构建出高效、实用的质量管理体系，为企业的可持续发展提供有力保障。

三、体系的构建与实施步骤

质量管理体系的构建与实施是企业实现质量目标、提升竞争力的关键所在。一个完善的质量管理体系能够确保产品和服务的质量稳定可靠，满足客户的期望和需求，进而提升企业的市场地位和经济效益。本书将详细阐述质量管理体系的构建与实施步骤，以期为企业的质量管理实践提供指导。

（一）体系的构建步骤

1. 确定质量方针与目标

质量方针是企业对质量的总体追求和承诺，它应明确表达企业对质量的重视程度、质量管理的方向和原则。质量目标是企业在一定时期内对质量工作的具体期望和要求，它应与企业的战略目标相一致，具有可衡量性和可实现性。

在确定质量方针与目标时，企业应充分考虑市场需求、客户期望、法律法规以及自身实际情况，确保方针与目标的合理性和适用性。

2. 识别关键过程与要素

企业应识别影响产品和服务质量的关键过程和要素，其包括设计、采购、生产、检验、销售等各个环节以及人员、设备、材料、方法、环境等各个方面。这些关键过程和要素不仅是质量管理体系的核心，也是质量控制和改进的重点。

3. 设计质量管理体系结构

在识别关键过程和要素的基础上，企业应设计质量管理体系的结构，明确各个部门和岗位的职责与权限，制定详细的工作流程和操作规范。同时，建立相应的质量管理制度和文件，为质量管理体系的运行提供依据和保障。

4. 配置与优化资源

企业应合理配置和优化资源，包括人力资源、物力资源和财力资源。在人力资源方面，企业应选拔和培训具备专业知识和技能的员工，确保他们具备履行职责的能力；在物力资源方面，企业应提供必要的设备、设施和工作环境，确保生产过程的稳定性和可控性；在财力资源方面，企业应确保质量管理体系的建设和运行得到充分的投入和保障。

5. 制订质量计划与措施

企业应针对关键过程和要素制订详细的质量计划和措施，它包括质量控制点、检验方法、验收标准等。这些计划和措施应具有可操作性和可衡量性，能够为质量管理体系的运行提供明确的指导。

（二）体系的实施步骤

1.宣传与培训

在实施质量管理体系之前，企业应进行广泛的宣传和培训，使全体员工了解质量管理体系的重要性、原则和要求。通过培训，提高员工的质量意识和技能水平，为质量管理体系的顺利实施奠定坚实的基础。

2.试运行与调整

质量管理体系初步建立后，企业应进行试运行，对体系的有效性和适应性进行检验。在试运行过程中，及时发现和解决问题，对体系进行调整和优化。同时，收集员工和客户的反馈意见，进一步完善质量管理体系。

3.持续改进与优化

质量管理体系的实施是一个持续改进和优化的过程。企业应定期对质量管理体系进行评审和更新，以适应市场和客户需求的变化。同时，鼓励员工积极参与质量改进活动，通过持续改进和创新，不断提升质量管理体系的水平和效果。

4.监督与考核

为确保质量管理体系的有效运行，企业应建立监督与考核机制，对质量管理体系的运行情况进行定期检查和评估。通过监督与考核，发现体系运行中的问题和不足，及时采取纠正和预防措施，确保质量管理体系的持续有效。

5.整合与协同

质量管理体系的构建与实施应与其他管理体系相整合和协同，形成企业管理的整体优势。企业应关注质量管理体系与其他管理体系之间的衔接和协调，确保各体系之间的互补性和一致性。通过整合与协同，实现企业内部管理的全面优化和提升。

质量管理体系的构建与实施是一个系统性、复杂性的过程，需要企业共同努力和持续投入。通过明确构建与实施步骤，企业可以逐步建立起完善、有效的质量管理体系，为企业的质量管理实践提供有力支持。

未来，随着市场竞争的加剧和客户需求的多样化，质量管理体系的构建与实施将面临更高的要求和挑战。企业应不断创新质量管理理念和方法，加强质量管理体系的信息化和智能化建设，提升质量管理体系的效率和效果。同时，加强与国际先进质量管理标准的对接和融合，推动企业质量管理水平的全面提升。

总之，质量管理体系的构建与实施是企业实现质量目标、提升竞争力的关键所在。企业应高度重视质量管理体系的建设和运行，不断完善和优化质量管理体系的结构和流程，为企业的可持续发展提供坚实的质量保障。

第三节　施工质量控制的方法与手段

一、质量控制的具体方法

质量控制是确保产品或服务达到既定标准和质量要求的关键环节。在企业管理中，质量控制方法的应用至关重要，它直接关系到企业的竞争力、客户满意度以及市场地位。本书将详细探讨质量控制的具体方法，以期为企业的质量管理实践提供指导。

（一）设定明确的质量标准

质量控制的首要任务是设定明确的质量标准。这些标准应基于客户需求、行业规范以及企业自身的实际情况，确保产品或服务的各项指标符合预定要求。通过制定明确的质量标准，企业可以为质量控制提供具体的依据和衡量标准。

（二）加强过程控制

过程控制是质量控制的核心环节。企业应通过以下具体方法加强过程控制。

（1）流程优化：对生产或服务流程进行全面梳理，消除冗余环节，优化流程设计，提高生产效率和产品质量。

（2）操作规范：制定详细的操作规范，明确各个岗位的职责和操作步骤，确保员工按照规范进行操作。

（3）监督检查：设立专门的监督检查机构或人员，对生产或服务过程进行实时监控和检查，及时发现和纠正问题。

（三）强化质量检验

质量检验是质量控制的重要手段。企业应通过以下具体方法强化质量检验。

（1）抽样检验：根据统计学原理，对产品或服务进行抽样检验，以判断整体质量水平。抽样检验应确保样本的代表性和随机性。

（2）全数检验：对于关键产品或服务，应进行全数检验，确保每件产品或每项服务都符合质量标准。

（3）专项检验：针对产品或服务的特定指标或特性，进行专项检验，以评估其是否满足特定要求。

（四）利用数据分析与改进

数据分析是质量控制的重要工具。企业应收集和分析质量数据，找出质量问题的根源，并制定相应的改进措施。具体方法包括：

（1）数据收集：建立完善的数据收集系统，收集生产或服务过程中的各类数据，其包括质量指标、不合格品率、客户投诉等。

（2）数据分析：运用统计方法和质量分析工具，对收集到的数据进行深入分析，找出质量问题的主要原因和影响因素。

（3）制定改进措施：根据数据分析结果，制定具体的改进措施，如优化生产流程、提高员工技能、改进产品设计等。

（五）实施持续改进

质量控制是一个持续改进的过程。企业应通过以下具体方法实施持续改进。

（1）建立反馈机制：建立有效的反馈机制，鼓励员工积极提出改进意见和建议，促进质量管理的持续改进。

（2）开展质量改进活动：定期组织质量改进活动，如质量月、质量竞赛等，激发员工的质量意识和改进热情。

（3）引入先进质量管理方法：积极引进和应用先进的质量管理方法和技术，如六西格玛管理、精益生产等，不断提升质量管理水平。

（六）加强员工培训与教育

员工是质量控制的关键因素。企业应通过加强员工培训与教育，提高员工的质量意识和技能水平。具体方法包括：

（1）开展质量意识教育：通过举办讲座、培训等形式，向员工普及质量管理的重要性和基本理念，增强员工的质量意识。

（2）提供技能培训：针对员工的岗位需求和技能短板，提供针对性的技能培训，提高员工的操作水平和解决问题的能力。

（3）建立激励机制：针对在质量控制方面表现突出的员工进行表彰和奖励，激发员工的积极性和创造力。

（七）加强供应商管理

供应商是质量控制的重要环节。企业应通过以下具体方法加强供应商管理。

（1）供应商选择与评价：建立严格的供应商选择和评价制度，选择具有良好信誉和质量的供应商，确保原材料和零部件的质量。

（2）供应商沟通与协作：与供应商建立良好的沟通与协作关系，及时传递质量要求和标准，共同解决质量问题。

（3）供应商绩效考核：定期对供应商进行绩效考核，评估其供货质量、交货期和服务水平等方面的表现，为后续的供应商选择提供依据。

（八）运用信息化手段提升质量控制水平

随着信息化技术的发展，企业应积极运用信息化手段提升质量控制水平。具体方法包括以下几点。

（1）建立质量信息管理系统：建立完善的质量信息管理系统，实现质量数据的实时采集、存储和分析，提高质量管理效率。

（2）引入智能化检测设备：引入智能化检测设备，实现对产品和服务的自动化检测与监控，提高检测准确性和效率。

（3）利用大数据和云计算技术：运用大数据和云计算技术，对海量质量数据进行深度挖掘和分析，发现潜在的质量问题和改进机会。

综上所述，质量控制的具体方法涵盖了多个方面，它包括设定明确的质量标准、加强过程控制、强化质量检验、利用数据分析与改进、实施持续改进、加强员工培训与教育、加强供应商管理以及运用信息化手段提升质量控制水平等。企业应根据自身的实际情况和需求，综合运用这些方法，不断提高质量控制水平，为企业的可持续发展提供坚实的质量保障。

二、质量控制手段的创新与应用

随着市场竞争的日益激烈和客户需求的不断升级，传统的质量控制手段已经难以满足现代企业的需求。因此，质量控制手段的创新与应用成为企业提升竞争力、实现可持续发展的关键。本书将探讨质量控制手段的创新与应用，以期为企业的质量管理实践提供新的思路和方法。

（一）质量控制手段创新的必要性

质量控制手段的创新是应对市场变化和客户需求的必然要求。随着科技的快速发展和全球化的深入推进，企业面临的市场环境日趋复杂多变，客户对产品和服务的质量要求也越来越高。传统的质量控制手段往往存在着效率低下、准确性不高、反应速度慢等问题，难以满足现代企业的需求。因此，创新质量控制手段，提高质量控制的效率和准确性，成为企业提升竞争力的必然选择。

（二）质量控制手段的创新方向

1. 引入智能化技术

随着人工智能、机器学习等技术的快速发展，智能化技术已经成为质量控制手段创新的重要方向。通过引入智能化技术，企业可以实现对质量数据的自动化采集、处理和分析，提高质量控制的效率和准确性。例如，利用机器学习算法对质量数据进行预测和分类，可以及时发现潜在的质量问题并采取相应的改进措施。

2.强化数据驱动的质量管理

数据是质量控制的基础和核心。通过收集、分析和利用质量数据，企业可以深入了解产品或服务的质量状况，发现问题的根源，并制定针对性的改进措施。因此，强化数据驱动的质量管理是质量控制手段创新的重要方向。企业应建立完善的数据收集和分析系统，利用大数据技术对质量数据进行深度挖掘和利用，从而为质量管理决策提供有力支持。

3.实施全面质量管理

全面质量管理是一种以客户为中心、以预防为主的质量管理方法。它强调全员参与、全过程控制和质量持续改进，旨在提高企业的整体质量水平。实施全面质量管理是质量控制手段创新的重要方向之一。企业应通过建立完善的质量管理体系、推行质量责任制、开展质量文化建设等措施，推动全面质量管理的实施和落地。

（三）质量控制手段的创新应用实例

1.基于物联网的质量追溯系统

物联网技术的应用为质量控制提供了新的手段。企业可以通过建立基于物联网的质量追溯系统，实现对原材料、生产过程和成品的全流程监控和追溯。该系统可以实时采集各个环节的质量数据，并通过云计算等技术进行分析和处理，帮助企业及时发现和解决质量问题。同时，质量追溯系统还可以提高客户的信任度和满意度，增强企业的市场竞争力。

2.利用虚拟现实技术进行质量培训

虚拟现实技术可以为企业提供一种全新的质量培训方式。通过构建虚拟的生产环境和操作场景，企业可以让员工在虚拟环境中进行实践操作和质量控制训练。这种培训方式具有成本低、效率高、风险小等优点，可以帮助企业快速提升员工的质量意识和技能水平。

3.采用自动化检测设备提高检验效率

自动化检测设备是质量控制手段创新的重要应用之一。通过引入自动化检测设备，企业可以实现对产品和服务的快速、准确检验，提高检验效率和准确性。例如，利用机器视觉技术对产品进行外观检测，可以替代传统的人工检测方式，提高检测速度和准确性，降低人力成本。

（四）质量控制手段创新应用的挑战与对策

虽然质量控制手段的创新与应用带来了诸多优势，但也面临着一些挑战。例如，新技术的引入需要投入大量的资金和人力资源；数据的安全性和隐私保护问题也需要引起足够的重视。为了应对这些挑战，企业应采取以下对策。

1. 制定合理的创新策略

企业应根据自身的实际情况和需求，制定合理的质量控制手段创新策略。当引入新技术时，要充分考虑其适用性、成本效益和风险等因素，确保创新举措的可行性和有效性。

2. 加强人才培养和引进

质量控制手段的创新需要高素质的人才支持。企业应加强对质量管理人才的培养和引进力度，建立一支具备专业知识和创新能力的质量管理团队，为质量控制手段的创新与应用提供有力的人才保障。

3. 强化数据安全管理

在利用数据进行质量控制时，企业应建立完善的数据安全管理制度和技术防护措施，确保质量数据的安全性和隐私性。同时，加强对员工的数据安全教育和培训，提高员工的数据安全意识。

综上所述，质量控制手段的创新与应用是企业提升竞争力、实现可持续发展的重要途径。企业应积极引入新技术、强化数据驱动的质量管理、实施全面质量管理等措施，推动质量控制手段的创新与应用。同时，也要关注创新应用过程中可能出现的未知挑战，并采取相应的对策加以应对。通过不断创新和完善质量控制手段，企业可以为客户提供更优质的产品和服务，以赢得市场的认可和信任。

第四节　施工质量问题的识别与处理

一、质量问题的识别机制

在企业管理中，质量问题的识别是质量控制体系的关键环节。有效的质量问题识别机制能够及时发现潜在的质量隐患，避免质量问题的扩大化，从而保障产品或服务的整体质量。本书将详细探讨质量问题的识别机制，以期为企业的质量管理实践提供有益的参考。

（一）明确质量问题的定义与分类

在构建质量问题的识别机制之前，首先需要明确质量问题的定义与分类。质量问题是指产品或服务在质量方面未能达到预定标准或客户期望的情况。根据问题的性质和严重程度，质量问题可分为轻微问题、一般问题和严重问题。明确质量问题的定义与分类有助于企业有针对性地制定识别机制，提高识别的准确性和效率。

（二）建立多渠道的质量问题信息收集系统

有效的质量问题识别机制需要建立在广泛而准确的信息收集基础上。企业应建立多渠道的质量问题信息收集系统，其包括客户反馈、内部检查、供应商报告等。这些渠道可以为企业提供丰富的质量问题信息，帮助企业及时发现潜在的质量隐患。

（1）客户反馈：客户是企业质量问题的直接感受者，他们的反馈是识别质量问题的重要途径。企业应建立客户反馈渠道，如客户热线、在线客服、问卷调查等，积极收集客户对产品或服务的意见和建议，及时发现并解决质量问题。

（2）内部检查：企业内部的质量检查人员是识别质量问题的另一重要力量。企业应建立完善的内部检查制度，定期对产品或服务进行检查和测试，确保各项质量指标符合标准。此外，还应加强对生产过程的监控，及时发现并解决生产过程中的质量问题。

（3）供应商报告：供应商作为企业的合作伙伴，其提供的产品或原材料质量直接影响到企业的最终产品质量。因此，企业应建立与供应商的沟通机制，定期收集供应商的质量报告，了解供应商的质量管理状况，及时发现并解决由供应商引起的质量问题。

（三）运用数据分析与挖掘技术识别质量问题

在收集到质量问题信息后，企业需要运用数据分析与挖掘技术对这些信息进行深入处理和分析，以识别出潜在的质量问题。数据分析可以帮助企业发现质量问题的规律、趋势和根源，为制定针对性的改进措施提供依据。

（1）描述性分析：通过对质量问题数据进行描述性分析，企业可以了解质量问题的整体状况，如问题发生的频率、分布、严重程度等。这有助于企业确定质量问题的优先处理顺序，将有限的资源投入最关键的问题上。

（2）预测性分析：利用机器学习等预测性分析方法，企业可以对质量问题的发展趋势进行预测。通过预测分析，企业可以及时发现潜在的质量风险，从而提前制定预防和应对措施，避免质量问题的发生。

（3）根源分析：通过对质量问题数据进行根源分析，企业可以深入了解问题产生的原因和影响因素。这有助于企业制定针对性的改进措施，从根本上解决质量问题，防止问题再次发生。

（四）建立质量问题报告与审核机制

识别出质量问题后，企业需要建立相应的报告与审核机制，确保问题得到及时有效的处理。

（1）质量问题报告：企业应建立质量问题报告制度，要求相关人员及时将识别出的质量问题进行报告。报告应包含问题的描述、影响范围、严重程度等信息，以便企业能够全面了解问题的状况。

（2）审核与确认：对于报告的质量问题，企业应组织相关部门和人员进行审核与确认。这有助于确保问题的真实性和准确性，避免误报或漏报的情况。同时，审核过程还可以对问题的严重程度和优先级进行评估，为问题的处理提供依据。

（五）加强质量意识与培训

质量问题的识别不仅依赖于完善的机制和工具，还需要员工具备高度的质量意识和专业能力。因此，企业应加强质量意识的宣传和培训，提高员工对质量问题的敏感性和识别能力。

（1）质量意识宣传：企业应通过内部宣传、培训等方式，向员工普及质量管理的重要性和基本理念，增强员工的质量意识。此外，还应鼓励员工积极参与质量改进活动，形成良好的质量文化氛围。

（2）专业能力培训：针对质量问题识别相关的岗位和人员，企业应提供专业培训，提升他们的专业技能和识别能力。培训内容可以包括质量管理知识、数据分析技能、问题解决方法等，帮助员工更好地应对质量问题。

（六）持续改进与优化识别机制

质量问题的识别机制并非一成不变，而是需要随着企业的发展和市场环境的变化进行持续改进和优化。企业应定期对识别机制进行评估和调整，确保其能够适应新的质量挑战和需求。

（1）定期评估：企业应定期对质量问题识别机制的有效性进行评估，评估的内容包括机制的覆盖范围、识别准确率、反应速度等方面。通过评估结果，企业可以了解机制的优点和不足，为改进提供依据。

（2）优化调整：根据评估结果和新的质量需求，企业应对识别机制进行优化调整。这可能包括改进信息收集渠道、优化数据分析方法、完善报告与审核流程等。通过持续优化，企业可以不断提高质量问题识别的效率和准确性。

综上所述，质量问题的识别机制是企业质量管理体系的重要组成部分。通过明确质量问题的定义与分类、建立多渠道的信息收集系统、运用数据分析与挖掘技术、建立报告与审核机制以及加强质量意识与培训等措施，企业可以建立有效的质量问题识别机制，及时发现并解决潜在的质量隐患，从而提升企业的整体质量水平。

二、质量问题的处理策略

在企业运营过程中，质量问题是不可避免的挑战。如何有效地处理质量问题，不仅关系到企业的声誉和客户的满意度，更直接影响到企业的经济效益和可持续发展。

因此，制定一套科学、系统的质量问题处理策略至关重要。本书将详细探讨质量问题的处理策略，以期为企业的质量管理实践提供有益的参考。

（一）建立快速响应机制

当质量问题出现时，企业应迅速作出反应，以最小化问题对企业和客户的影响。为此，建立快速响应机制是处理质量问题的首要策略。

（1）成立紧急处理小组：企业应组建由质量管理部门、技术支持部门、客户服务部门等关键部门人员组成的紧急处理小组，负责快速响应和处理质量问题。

（2）明确响应流程：企业应制定清晰的质量问题响应流程，包括问题接收、分析、处理、反馈等环节，确保问题能够得到及时、有效的处理。

（3）配备必要资源：为确保快速响应机制的有效性，企业应配备必要的资源，如技术支持、备件库存等，以便在问题出现时能够迅速采取行动。

（二）深入分析问题原因

处理质量问题的关键在于找到问题的根源。因此，深入分析问题原因，是解决质量问题的核心策略。

（1）开展问题调查：企业应对质量问题进行详细调查，收集相关数据和信息，了解问题的具体情况和表现。

（2）分析问题原因：通过数据分析、专家会诊等方式，找出导致质量问题的根本原因，如设计缺陷、工艺问题、原材料质量等。

（3）制定改进措施：针对问题原因，制定相应的改进措施，如优化产品设计、改进生产工艺、更换供应商等，以消除问题根源，防止问题再次发生。

（三）加强与客户的沟通

客户是企业的重要利益相关者，对于质量问题的处理，企业应积极与客户沟通，了解客户的诉求和期望，以赢得客户的信任和支持。

（1）及时告知客户：当质量问题发生时，企业应第一时间告知客户，说明问题的原因和处理进展，消除客户的疑虑和不安。

（2）听取客户意见：企业应积极听取客户的意见和建议，了解客户对质量问题的看法和期望，以便更好地满足客户的需求。

（3）提供补偿措施：对于给客户造成的损失和不便，企业应主动提供合理的补偿措施，如退货、换货、赔偿等，以体现企业的诚意和责任感。

（四）加强内部质量管控

质量问题的发生往往与企业的内部质量管控体系有关。因此，加强内部质量管控，是预防和处理质量问题的关键策略。

（1）完善质量管理体系：企业应建立完善的质量管理体系，包括质量策划、质量控制、质量保证和质量改进等环节，确保产品或服务的质量符合客户要求和标准。

（2）加强员工培训：企业应加强对员工的质量意识和技能培训，提高员工的质量意识和技能水平，使员工能够自觉遵守质量标准和操作规范。

（3）引入先进技术手段：企业应积极引入先进的质量检测和控制技术手段，如自动化检测设备、数据分析工具等，提高质量检测的准确性和效率。

（五）持续改进与创新

质量问题的处理不应仅仅停留在解决当前问题上，而更应着眼于持续改进与创新，以提升企业整体的质量水平。

（1）总结经验教训：企业应对处理质量问题的过程进行总结和反思，提炼经验教训，为今后的质量管理提供借鉴和参考。

（2）开展质量改进活动：企业应定期开展质量改进活动，如质量月、质量竞赛等，激发员工参与质量改进的热情和积极性。

（3）推动技术创新：企业应加大技术创新力度，通过研发新产品、新工艺、新技术等，提高产品或服务的质量和性能，以满足市场的不断变化和客户的多样化需求。

（六）建立质量文化

质量文化的建设是长期而持续的过程，它对于企业的质量管理和质量问题处理具有深远的影响。

（1）树立质量意识：企业应通过宣传、培训等方式，使全体员工深刻认识到质量的重要性，树立质量第一的意识。

（2）倡导诚信经营：企业应倡导诚信经营的理念，要求员工在质量管理和问题处理中保持诚信和公正，不隐瞒、不推诿、不敷衍。

（3）强化质量责任：企业应明确各级人员的质量责任，建立责任追究机制，确保质量问题能够得到及时、有效处理。

综上所述，质量问题的处理策略是一个系统工程，需要企业从多个方面入手，如建立快速响应机制、深入分析问题原因、加强与客户的沟通、加强内部质量管控、持续改进与创新以及建立质量文化等。通过这些策略的实施，企业可以有效处理质量问题，提升客户满意度和忠诚度，增强企业的竞争力和可持续发展能力。

三、问题识别与处理的案例分析

（一）案例背景

某电子产品制造企业近期在生产一款新型智能手机时，频繁收到客户的投诉反馈，主要问题是手机电池续航能力不足，以及在使用过程中出现卡顿现象。这一问题严重影响了企业的声誉和客户满意度，企业急需对问题进行识别和处理。

（二）问题识别过程

1. 收集客户反馈

企业首先通过客户热线、在线客服、问卷调查等多种渠道，积极收集客户对产品问题的反馈。经过整理分析，发现电池续航能力不足和卡顿现象是客户反映最为集中的两个问题。

2. 内部检查与测试

针对客户反馈的问题，企业组织质量管理部门和技术支持部门对产品进行内部检查与测试。通过拆机检查、电池性能测试、软件运行测试等手段，发现部分批次的手机电池存在性能不稳定的情况，同时软件优化也存在一定缺陷。

3. 数据分析与挖掘

为了进一步确定问题的根源，企业利用数据分析与挖掘技术，对收集到的质量问题数据进行深入分析。通过对比不同批次、不同生产线的产品数据，发现电池问题主要集中在某一特定的生产线上，而卡顿现象则与软件版本更新有关。

（三）问题处理策略

1. 针对电池问题的处理

（1）调查生产线原因：企业组织专项小组，对出现问题的生产线进行深入调查，发现生产线上的电池测试设备存在故障，导致部分电池未能通过严格的性能测试就被组装进手机中。

（2）更换测试设备：企业立即更换了故障的测试设备，并对生产线上的员工进行再培训，确保电池测试环节的准确性和可靠性。

（3）召回并更换电池：对于已经销售出去的存在电池问题的手机，企业启动了召回计划，并为受影响的客户免费更换合格的电池。

2. 针对卡顿现象的处理

（1）优化软件版本：企业组织软件研发团队，对导致卡顿的软件版本进行紧急优化，修复了存在的缺陷和漏洞。

（2）推送更新包：优化后的软件版本通过推送更新包的方式，向用户进行发布，引导用户进行软件升级，以提升手机的运行流畅度。

（3）提供技术支持：对于在升级过程中遇到问题的用户，企业提供了在线技术支持和电话客服服务，确保用户能够顺利完成软件升级。

（四）客户沟通与补偿措施

在处理问题过程中，企业始终保持着与客户的良好沟通。通过官方网站、社交媒体等渠道，及时向客户通报问题的处理进展和结果。同时，对于因产品质量问题给客户带来的不便和损失，企业提供了合理的补偿措施，如延长保修期限、赠送配件等，以体现企业的诚意和责任感。

（五）总结与反思

通过本次问题的识别与处理，企业成功解决了电池续航能力不足和卡顿现象两大问题，恢复了客户的信任和满意度。同时，企业也从中汲取了宝贵的经验，对质量管理体系进行了进一步的完善和优化。

首先，企业应加强对生产线和测试设备的日常维护和检查，确保生产过程中的质量控制环节得到有效执行。其次，企业应加强与研发团队的沟通协作，确保软件版本更新能够充分考虑用户需求和体验，避免类似问题的再次发生。此外，企业还应继续加强质量意识和技能培训，提高全体员工对质量问题的敏感性和处理能力。

展望未来，企业应持续关注市场动态和客户需求变化，不断完善和创新质量管理体系，提升产品质量和竞争力。此外，企业还应加强与客户的沟通互动，建立良好的客户关系，为企业的可持续发展奠定坚实的基础。

（六）案例启示

本案例为企业提供了宝贵的启示：在面临质量问题时，企业应迅速行动，通过收集客户反馈、内部检查与测试以及数据分析与挖掘等手段，准确识别问题的根源和原因。同时，企业应制定针对性的处理策略，从生产线改进、软件优化、客户沟通等多个方面入手，全面解决问题并恢复客户信任。此外，企业还应不断总结经验教训，完善质量管理体系，提升整体质量水平，以应对市场的不断变化和客户的多样化需求。

综上所述，本案例通过具体的问题识别与处理过程展示了企业在面临质量问题时应采取的策略和措施。通过深入分析案例背景、问题识别过程、问题处理策略以及客户沟通与补偿措施等方面，我们可以得出一些有益的启示和经验，为企业今后的质量管理实践提供有益的参考和借鉴。

第五节　施工质量的持续改进

一、持续改进的动因与目标

（一）持续改进的动因

持续改进是企业发展的永恒主题，其动因涵盖了多个方面，包括内部需求、外部压力以及竞争态势的变化。

1. 内部需求

持续改进的首要动因来自企业内部的需求。随着市场环境的不断变化和客户需求的日益多样化，企业必须不断提升自身的产品质量和服务水平，以满足客户的期望和要求。此外，企业内部的管理和运营效率也是持续改进的重要方面，通过优化流程、降低成本、提高员工素质等措施，企业可以不断提升自身的竞争力和适应能力。

2. 外部压力

外部压力是促使企业持续改进的另一重要动因。政策法规的不断完善、行业标准的不断提高以及市场竞争的日益激烈，都对企业提出了更高的要求。企业要想在市场中立足并取得发展，就必须不断改进自身的产品和服务，以适应外部环境的变化。

3. 竞争态势的变化

随着全球化进程的加速和市场竞争的加剧，企业之间的竞争已经从单纯的价格竞争转变为质量、服务、创新等多方面的综合竞争。为了保持领先地位并获取竞争优势，企业必须持续改进自身的各个方面，不断提升自身的综合实力。

（二）持续改进的目标

持续改进的目标是推动企业不断提升自身的产品质量、服务水平和运营效率，以实现可持续发展和竞争优势的获取。具体来说，持续改进的目标包括以下几个方面。

1. 提升产品质量

产品质量是企业的生命线，也是客户最为关注的核心要素之一。持续改进的首要目标就是不断提升产品的质量水平，减少缺陷和故障率，提高产品的可靠性和稳定性。通过引入先进的生产工艺、采用严格的质量控制标准以及加强供应商管理等措施，企业可以不断提升产品的质量水平，满足客户的期望和需求。

2. 优化服务水平

优质的服务是企业赢得客户信任和忠诚的关键因素之一。持续改进的目标之一就是要优化企业的服务水平，提升客户的满意度和忠诚度。通过完善客户服务体系、提高服务响应速度、加强售后服务等措施，企业可以为客户提供更加优质、高效的服务体验，增强客户对企业的信任和认可。

3. 提高运营效率

运营效率是企业实现盈利和可持续发展的重要保障。持续改进的目标之一就是要提高企业的运营效率，降低生产成本和管理费用，增强企业的盈利能力和市场竞争力。通过优化生产流程、引入先进的生产技术和设备、加强员工培训和绩效考核等措施，企业可以不断提升自身的运营效率和管理水平。

4. 创新发展

创新是企业持续发展的重要动力。持续改进的目标之一就是要推动企业不断创新发展，探索新的业务领域和市场机会。通过加大研发投入、培养创新型人才、加强产学研合作等措施，企业可以不断提升自身的创新能力和核心竞争力，实现可持续发展。

（三）持续改进的实践路径

要实现持续改进的目标，企业需要采取一系列的实践路径和措施。首先，企业需要建立完善的质量管理体系和流程规范，确保产品和服务的质量可控、可追溯。其次，企业需要加强员工的质量意识和技能培训，提高员工的质量意识和技能水平。此外，企业还需要积极引入先进的技术和管理方法，推动企业的数字化转型和智能化升级。最后，企业还需要加强与客户的沟通和反馈机制建设，及时了解客户的需求和反馈意见，为持续改进提供有力的支持和保障。

（四）持续改进的长远意义

持续改进不仅有助于企业提升当前的产品质量和服务水平，更对企业的长远发展具有深远意义。通过持续改进，企业可以不断适应市场的变化，满足客户的多样化需求，从而在激烈的市场竞争中立于不败之地。同时，持续改进也有助于企业降低成本、提高效率，实现更加稳健和可持续的发展。此外，持续改进还能够激发企业的创新活力，推动企业不断探索新的业务领域和市场机会，为企业的未来发展奠定坚实的基础。

持续改进是企业发展的必由之路，也是企业提升竞争力和实现可持续发展的关键所在。企业应深刻认识到持续改进的动因和目标，采取有效措施推动持续改进的实施，不断提升自身的产品质量、服务水平和运营效率。只有这样，企业才能在激烈的市场竞争中立于不败之地，实现更加美好的未来。

二、持续改进的路径与方法

（一）概述

在当今日益激烈的市场竞争中，持续改进成为企业提升竞争力、实现可持续发展的重要手段。持续改进不仅要求企业不断优化现有流程和产品，还要求企业不断探索新的路径和方法，以应对市场的不断变化和客户的多样化需求。本书将详细探讨持续改进的路径与方法，旨在为企业实施持续改进提供有益的参考和借鉴。

（二）持续改进的路径

1. 明确改进目标

明确改进目标是持续改进的首要步骤。企业应根据市场趋势、客户需求以及自身发展战略，确定具体的改进方向和目标。这些目标可以包括提高产品质量、降低成本、优化流程、提升客户满意度等。明确的目标有助于企业集中精力和资源，从而有针对性地实施改进措施。

2. 识别改进机会

识别改进机会是持续改进的关键环节。企业可以通过多种途径来发现改进点，如客户反馈、内部审核、数据分析等。此外，企业还应关注行业内的最佳实践和创新成果，以便借鉴和引入先进的理念和技术。识别改进机会有助于企业发现自身存在的问题和不足，为实施改进措施提供依据。

3. 制订改进计划

制订改进计划是持续改进的重要步骤。企业应根据识别出的改进机会和目标，制订具体的改进计划。计划应包括改进措施、实施时间、责任人、所需资源等要素。制订详细的改进计划有助于确保改进措施的有序实施和有效落地。

4. 实施改进措施

实施改进措施是持续改进的核心环节。企业应按照改进计划，逐步推进各项改进措施。在实施过程中，企业应关注改进措施的进展和效果，及时调整和优化计划，确保改进措施的有效性和可持续性。

5. 评估改进成果

评估改进成果是持续改进的必要环节。企业应对改进措施的实施效果进行定期评估，以便了解改进措施的实际效果和改进目标的达成情况。评估结果可以为企业后续改进提供有益的反馈和指导。

（三）持续改进的方法

1. 流程优化法

流程优化是持续改进的常用方法之一。通过对企业现有流程进行分析和梳理，发现流程中的"瓶颈"和浪费，进而优化流程设计，提高流程效率。流程优化法可以帮助企业降低成本、提高响应速度，提升整体运营效率。

2. 精益管理法

精益管理是一种追求尽善尽美的管理方法，旨在消除浪费、提高效率。通过引入精益管理的理念和工具，企业可以精确识别并消除生产过程中的浪费现象，提高产品质量和生产效率。精益管理法有助于企业实现资源的最优配置和效益的最大化。

3. 六西格玛管理法

六西格玛管理法是一种基于数据和事实的质量管理方法。通过定义、测量、分析、改进和控制等步骤，企业可以精确识别并解决质量问题，提高产品和服务的质量水平。六西格玛管理法有助于企业建立严谨的质量管理体系，提升客户满意度和市场竞争力。

4. 创新驱动法

创新驱动是持续改进的重要动力。企业应鼓励员工创新思维，关注新技术、新工艺和新材料的应用，推动产品和服务的创新升级。通过创新驱动法，企业可以不断拓展新的业务领域和市场机会，实现可持续发展和竞争优势的获取。

（四）持续改进的保障措施

1. 建立持续改进文化

建立持续改进文化是企业实施持续改进的重要保障。企业应倡导全员参与、持续改进的理念，鼓励员工积极提出改进建议和创新想法。此外，企业还应建立相应的激励机制和奖励制度，以激发员工的积极性和创造力。

2. 加强员工培训与教育

员工是企业实施持续改进的主体力量。企业应加强对员工的培训和教育，提高员工的质量意识、技能水平和创新能力。通过培训和教育，员工可以更好地理解和执行改进措施，为企业的发展贡献智慧和力量。

3. 强化领导作用

领导在持续改进中发挥着关键作用。企业领导应积极参与持续改进活动，为员工树立榜样和标杆。同时，领导还应关注改进活动的进展和效果，及时给予指导和支持，确保改进活动的顺利推进和有效落地。

持续改进是企业实现可持续发展和竞争优势获取的重要途径。通过明确改进目标、识别改进机会、制订改进计划、实施改进措施以及评估改进成果等路径和方法，使企业可以不断提升自身的产品质量、服务水平和运营效率。同时，建立持续改进文化、加强员工培训与教育以及强化领导作用等保障措施也是确保持续改进活动有效实施的关键所在。只有不断探索和实践持续改进的路径与方法，企业才能在激烈的市场竞争中立于不败之地，实现更加美好的未来。

三、持续改进的实践效果

（一）概述

持续改进是企业管理中的一项重要策略，旨在通过不断优化流程、提升产品和服务质量，以及提高运营效率，来增强企业的竞争力和适应能力。随着市场竞争的日益激烈，持续改进已成为企业生存和发展的关键。本书将详细探讨持续改进的实践效果，以展示其对企业发展的深远影响。

（二）产品质量显著提升

持续改进的核心在于对产品和服务质量的不断追求和提升。通过引入先进的生产工艺、加强质量控制、严格筛选供应商等措施，使企业能够显著提升产品的质量水平。这种提升不仅体现在产品的耐用性、稳定性和可靠性上，还体现在产品的外观、功能和用户体验等各个方面。客户对产品的满意度和忠诚度因此得到提高，为企业赢得了良好口碑和市场声誉。

（三）运营效率大幅提高

持续改进的另一个重要实践效果是提高企业的运营效率。通过优化生产流程、引入先进的生产技术和设备、加强员工培训和绩效考核等措施，企业能够减少浪费、降低生产成本、提高生产效率。这不仅有助于企业提高盈利能力，还能增强企业的灵活性和响应速度，使其能够更好地应对市场变化和客户需求的变化。

（四）创新能力不断增强

持续改进过程中，企业不断探索新的工艺、技术和材料，推动产品和服务的创新升级。这种创新能力的提升不仅有助于企业保持竞争优势，还能为企业带来新的业务增长点和市场机会。通过持续改进，企业能够不断推出具有竞争力的新产品和服务，来满足客户的多样化需求，从而在市场中立于不败之地。

（五）企业文化更加积极健康

持续改进的实践还有助于塑造积极健康的企业文化。持续改进过程中，企业倡导全员参与、鼓励创新、追求卓越的理念，这有助于激发员工的积极性和创造力。同时，持续改进也要求企业建立严谨的质量管理体系和流程规范，以此强化员工的质量意识和责任感。这种文化的形成和传承能够为企业创造更加稳定、和谐的工作环境，提升员工的工作满意度和归属感。

（六）客户满意度持续提升

持续改进的最终目标是提升客户满意度。通过不断优化产品和服务质量，企业能够更好地满足客户的期望和需求，提升客户的购物体验和满意度。同时，持续改进也能够使企业更加关注客户的反馈和意见，及时调整和优化产品和服务，从而建立更加紧密的客户关系。这种客户关系的建立和维护不仅能够为企业带来稳定的收入，还能够为企业赢得更多的口碑和市场份额。

（七）市场竞争力显著增强

持续改进的实践效果最终体现在企业市场竞争力的提升上。通过提高产品质量、优化运营效率、增强创新能力以及塑造积极健康的企业文化等措施，企业能够在激烈的市场竞争中脱颖而出，赢得更多的客户和市场份额。这种竞争力的提升不仅能够为企业带来短期的业绩增长，还能够为企业未来发展奠定坚实的基础。

（八）持续改进的局限性及应对措施

尽管持续改进为企业带来了诸多好处，但也存在一些局限性。例如，持续改进需要投入大量的人力、物力和财力，对企业的资源造成一定的压力。同时，持续改进的过程可能面临技术"瓶颈"、员工抵触等挑战。为了克服这些局限性，企业需要制订合理的改进计划，明确改进目标和优先级；加强员工培训和教育，提高员工对持续改进的认识和参与度；积极引入外部资源和合作伙伴，共同推动改进项目的实施。

综上所述，持续改进的实践效果体现在多个方面，包括产品质量、运营效率、创新能力、企业文化、客户满意度以及市场竞争力等。这些实践效果共同促进了企业的持续发展和竞争优势的获取。然而，持续改进并非是一蹴而就的过程，它需要企业持续投入和努力。只有不断探索和实践持续改进的路径与方法，企业才能在激烈的市场竞争中立于不败之地，实现更加美好的未来。

在未来的发展中，企业应继续深化持续改进的理念和实践，将其贯穿企业发展的全过程之中。同时，企业还应关注新技术、新工艺和新材料的发展趋势，积极引入和应用这些创新成果，推动企业不断向前发展。通过持续改进的实践，企业必将迎来更加辉煌的明天。

第五章 建筑市政工程施工成本管理

第一节 施工成本管理的概念与目标

一、成本管理的核心概念

（一）概述

成本管理作为企业管理体系的重要组成部分，在提升企业经营效益、优化资源配置以及增强市场竞争力等方面发挥着至关重要的作用。随着市场环境的变化和企业规模的扩大，成本管理也面临着越来越多的挑战和机遇。因此，深入理解和把握成本管理的核心概念，对于实现企业的可持续发展具有重要意义。

（二）成本管理的定义与内涵

成本管理是指企业在生产经营过程中，通过运用一系列的管理手段和方法，对成本进行预测、计划、控制、核算、分析和考核等活动的总称。其目的在于以最小的成本投入，来获得最大的经济效益，从而实现企业的战略目标。成本管理涉及企业的各个方面，包括产品设计、生产制造、市场营销、售后服务等各个环节，是一个全面、系统的管理过程。

（三）成本管理的核心概念

1. 成本预测与计划

成本预测是成本管理的基础，它通过对企业未来的生产经营活动进行分析和判断，预测出一定时期内的成本水平和变化趋势。成本计划则是在成本预测的基础上，结合企业的战略目标和实际情况，制定出具体的成本控制目标和措施。成本预测与计划的制订需要充分考虑市场需求、资源供应、技术进步等因素，以确保成本目标的合理性和可行性。

2. 成本控制与核算

成本控制是成本管理的核心环节，它通过对企业生产经营过程中的各项费用进行严格的监督和管理，确保成本目标的实现。成本控制需要建立完善的成本管理制度和流程，明确成本控制的责任和权限，加强成本信息的收集和分析，及时发现和解决成本控制中存在的问题。成本核算则是对企业在一定时期内发生的各项费用进行归集、分配和计算，以反映企业的成本构成和水平。

3. 成本分析与考核

成本分析是通过对成本数据的深入挖掘和分析，揭示成本变化的内在规律和影响因素，为成本决策提供有力支持。成本分析可以采用多种方法和技术手段，如比较分析法、因素分析法、趋势分析法等，以帮助企业找出成本控制的关键点和改进方向。成本考核则是对成本管理的效果进行评价和反馈的过程，它通过对成本控制目标的完成情况进行考核和奖惩，激励企业全体员工积极参与成本管理活动，提高成本管理的效果和质量。

（四）成本管理的关键要素

1. 成本意识与文化

成本意识是企业员工对成本管理的认识和理解程度，它直接影响着成本管理的效果。企业应积极培育员工的成本意识，使其充分认识到成本管理的重要性，并自觉地将成本管理理念贯穿工作之中。同时，企业还应建立积极向上的成本管理文化，可以通过宣传、培训等方式，增强员工的责任感和使命感，形成全员参与成本管理的良好氛围。

2. 成本管理制度与流程

成本管理制度是企业进行成本管理的规范和准则，它应明确成本管理的目标、原则、方法和程序等。企业应建立完善的成本管理制度体系，确保各项成本管理活动有法可依、有章可循。同时，企业还应优化成本管理流程，简化管理环节，提高管理效率，确保成本管理活动的顺畅进行。

3. 成本信息与数据

成本信息与数据是成本管理的基础和支撑，它直接影响着成本管理的准确性和有效性。企业应建立完善的成本信息收集、处理和分析系统，确保成本数据的真实、完整和及时。同时，企业还应加强对成本数据的分析和挖掘，发现成本控制的关键点和改进方向，为成本管理决策提供有力支持。

成本管理作为企业管理的重要组成部分，其核心概念包括成本预测与计划、成本控制与核算、成本分析与考核等方面。在实际应用中，企业还需要关注成本意识与文化、成本管理制度与流程以及成本信息与数据等关键要素。通过深入理解和把握这些核心概念，企业可以更加有效地进行成本管理，提升企业经营效益和市场竞争力，实现可持续发展。

在未来的发展中，随着市场环境的变化和企业需求的升级，成本管理将面临更多的挑战和机遇。因此，企业需要不断创新成本管理理念和方法，加强成本管理人才的培养和引进，推动成本管理向更高层次、更广领域发展。同时，政府和社会各界也应加大对成本管理的关注和支持力度，共同推动成本管理事业的繁荣发展。

二、成本管理的核心目标

（一）概述

成本管理是企业经营活动中不可或缺的一环节，它贯穿企业的生产、经营、决策等各个环节，对企业的发展具有深远的影响。成本管理的核心目标是通过一系列有效的管理措施，实现成本的降低、资源的优化配置以及经济效益的提升。本书将从多个维度深入剖析成本管理的核心目标，以期为企业更好地实施成本管理提供理论支持和实践指导。

（二）降低生产成本，提升盈利能力

成本管理的首要目标是降低生产成本。通过精细化的成本管理，企业可以深入挖掘生产过程中的成本节约潜力，减少不必要的浪费和损失。例如，企业可以通过优化生产流程、提高生产效率、降低原材料采购成本等方式，实现生产成本的降低。这不仅可以提高企业的盈利能力，还可以增强企业的市场竞争力，为企业的长期发展奠定坚实的基础。

（三）优化资源配置，提高资源利用效率

成本管理的另一个核心目标是优化资源配置。企业通过对各项资源的合理配置和利用，可以实现资源利用的最大化，提高整体经济效益。在成本管理过程中，企业需要对各项资源进行全面分析和评估，根据实际需求进行合理分配。同时，企业还需要关注资源的循环利用和节能减排，以实现可持续发展。

（四）支持企业决策，提升战略管理水平

成本管理在支持企业决策方面也发挥着重要作用。通过对成本数据的收集、分析和解读，企业可以更加准确地了解自身的成本结构和变化趋势，为企业的战略决策提供有力支持。例如，在制定产品定价策略时，企业需要考虑产品的成本构成和市场需求等因素，以确保定价的合理性；在制订投资计划时，企业需要对投资项目的成本效益进行全面评估，以确保投资的安全性和收益性。

（五）增强企业风险抵御能力，保障稳健发展

成本管理还有助于增强企业的风险抵御能力。通过对成本的有效控制和管理，企业可以及时发现并应对潜在的风险和问题，确保企业的稳健发展。例如，在面临市场波动或竞争压力时，企业可以通过调整成本结构、优化成本控制措施等方式，降低经营风险，保持企业的稳定运营。

（六）培养成本意识，促进全员参与

成本管理的核心目标还包括培养员工的成本意识，促进全员参与成本管理。通过加强成本管理的宣传和教育，企业可以使员工充分认识到成本管理的重要性，并激发他们积极参与成本管理的热情和动力。这不仅可以提高成本管理的效果，还可以增强企业的凝聚力和向心力，为企业的发展注入新的活力。

（七）建立持续改进机制，推动成本管理创新

成本管理的核心目标之一是建立持续改进机制，推动成本管理创新。企业应不断关注成本管理的新理念、新方法和新工具，积极引入并应用到实际管理中。同时，企业还需要建立成本管理的反馈和评估机制，及时发现并解决成本管理中存在的问题和不足，不断完善和优化成本管理体系。

（八）实现成本管理的长期效益

成本管理的核心目标不仅仅是短期内的成本降低和效益提升，更重要的是实现成本管理的长期效益。这包括企业能够持续降低生产成本、提高资源利用效率、优化决策支持以及增强风险抵御能力等。通过实现这些长期目标，企业可以保持稳定的盈利能力和市场竞争力，为企业的可持续发展奠定坚实的基础。

综上所述，成本管理的核心目标涵盖了降低生产成本、优化资源配置、支持企业决策、增强风险抵御能力、培养成本意识、建立持续改进机制以及实现长期效益等多个方面。这些目标共同构成了成本管理的完整框架，为企业实现高效、稳健的经营提供了有力保障。实际应用中，企业应根据自身的实际情况和发展需求，制订具体的成本管理策略和实施计划，以实现这些核心目标。此外，企业还应不断加强成本管理的理论和实践研究，不断推动成本管理创新和发展，以适应不断变化的市场环境和竞争态势。

在未来的发展中，随着市场竞争的加剧和企业经营环境的复杂化，成本管理将面临更多的挑战和机遇。因此，企业需要更加深入地理解和把握成本管理的核心目标，不断提升成本管理的水平和能力，以应对各种风险和挑战，实现企业的长期稳定发展。

三、目标与概念的逻辑关系

（一）概述

目标与概念是构成任何理论或实践体系的两大基本要素。目标为行动提供了方向和动力，而概念则是对事物本质属性的抽象概括，为理解和实现目标提供了基础。两者之间的关系密切而复杂，既相互依存又相互影响。本书旨在深入探讨目标与概念之间的逻辑关系，以期深化对两者关系的理解，进而为理论研究和实践活动提供指导。

（二）概念的定义与内涵

概念是人类对事物本质属性的抽象概括，它反映了人们对事物的认识和理解。概念的形成是一个从具体到抽象、从感性到理性的过程，它通过对事物的观察、比较和归纳，提炼出事物的共同特征和本质属性。概念具有稳定性、普遍性和系统性等特点，它为人们提供了认识和理解事物的工具和手段。

（三）目标的定义与特性

目标是人们期望达到的状态或结果，它为人们的行动提供了方向和动力。目标的设定通常基于特定的需求、愿景和价值观，它反映了人们对未来的期望和追求。目标具有明确性、可操作性和可衡量性等特点，它要求人们在行动过程中始终保持清晰的方向和明确的任务。

（四）目标与概念的逻辑关系

1. 目标设定依赖概念的理解

目标的设定不是随意的，而是基于对事物本质属性和规律的深入理解。概念作为对事物本质属性的抽象概括，为人们提供了认识和理解事物的基础。在设定目标时，人们需要依据相关概念对事物进行分析和判断，以确定目标的方向和内容。例如，在企业管理中，若要设定提高生产效率的目标，就需要深入理解生产效率的概念及其影响因素，才能制定出切实可行的目标。

2. 概念发展为目标的实现提供支撑

概念的发展是一个不断深化和完善的过程，它随着人们对事物认识的深入而不断发展。概念的发展为目标的实现提供了有力的支撑。一方面，概念的发展可以帮助人们更加准确地把握事物的本质属性和规律，为目标的实现提供科学的依据；另一方面，概念的发展还可以推动目标的更新和升级，使目标更加符合实际情况和未来发展需求。例如，在科技创新领域，随着对科技概念的不断深化和拓展，人们可以设定更高层次、更具挑战性的科技创新目标。

3. 目标的实现推动概念的完善与拓展

目标的实现过程是一个实践过程，它通过对实际问题的解决和经验的积累，不断推动概念的完善与拓展。在目标实现过程中，人们会遇到各种新情况、新问题，这些新情况、新问题会促使人们对原有概念进行反思和修正，从而推动概念的完善。同时，目标的实现也会带来新的经验和认识，反过来，这些新的经验和认识会丰富和发展原有概念，推动概念的拓展。例如，在环境保护领域，随着环保目标的实现和环保实践的深入，人们对环保概念的理解和认识也会不断加深和拓展。

（五）目标与概念逻辑关系的实践意义

1. 指导目标设定与实现

深入理解目标与概念的逻辑关系，有助于指导目标的设定与实现。在设定目标时，应充分考虑相关概念的理解和发展水平，确保目标的科学性和合理性；实现目标时，应关注概念的发展变化，及时调整目标和行动策略，以适应新的情况和需求。

2. 推动理论与实践的结合

目标与概念的逻辑关系体现了理论与实践的紧密结合。概念作为理论的基础和支撑，为目标的设定和实现提供了指导；而目标的实现过程则是理论在实践中的具体应用和检验。因此，深入理解目标与概念的逻辑关系，有助于推动理论与实践的相互促进和共同发展。

3. 促进知识创新与发展

目标与概念的逻辑关系也反映了知识创新与发展的内在机制。在追求目标的过程中，人们会不断遇到新的问题和挑战，这些问题和挑战会促使人们对原有概念进行反思和修正，从而推动知识的创新和发展。同时，新的概念和理论也会为目标的设定和实现提供新的思路和方法，进一步推动知识的进步。

目标与概念的逻辑关系是理论与实践的桥梁和纽带。它们相互依存、相互影响，共同构成了人类认识世界和改造世界的基础。深入理解这种逻辑关系，不仅有助于我们更好地设定和实现目标，还有助于我们推动知识的创新和发展。因此，在未来的研究和实践中，我们应更加注重对目标与概念的逻辑关系探索和研究，以推动理论和实践的不断发展。

随着时代的进步和社会的发展，目标与概念的逻辑关系也将不断演变和完善。我们需要保持开放的心态和敏锐的洞察力，不断适应新的变化和挑战，为实现更高的目标和推动更深入的认识贡献我们的智慧和力量。

第二节 施工成本计划的编制与实施

一、成本计划的编制原则

成本计划是企业为降低成本而预先制定的一种成本控制方案，它是企业实现经济效益提升、市场竞争力增强的关键手段。成本计划的编制并非是简单的数字堆砌，而是需要遵循一系列原则，以确保计划的合理性、可行性和有效性。本书将从多个维度深入探讨成本计划的编制原则，以期为企业制订科学、合理的成本计划提供理论支持和实践指导。

（一）目标导向原则

成本计划的编制应始终以企业战略目标为导向，确保成本计划的制订与企业的整体发展方向相一致。在制订成本计划时，企业应充分考虑市场需求、竞争态势、技术进步等因素，以确保成本计划能够支持企业实现既定的战略目标。同时，成本计划的目标应具有可衡量性，以便对计划的执行效果进行评估和调整。

（二）全面性原则

成本计划的编制应涵盖企业生产经营活动的各个环节，包括原材料采购、生产制造、销售服务等全过程。在编制成本计划时，企业应全面分析各个环节的成本构成和影响因素，确保计划的完整性和系统性。此外，成本计划还应考虑企业内部各部门之间的协同配合，实现资源的优化配置和成本的降低。

（三）实事求是原则

成本计划的编制应基于企业实际情况，充分反映企业的成本水平和特点。在制订计划时，企业应深入调查研究，收集准确、全面的成本数据，确保计划的真实性和可靠性。同时，成本计划应充分考虑企业的生产能力、技术水平、管理水平等实际情况，避免过高或过低的设定，导致计划无法实现或资源浪费。

（四）灵活性原则

成本计划的编制应具有一定的灵活性，以适应市场环境和企业内部条件的变化。在制订计划时，企业应充分考虑不确定性因素，如价格波动、政策调整、技术革新等，制订灵活的应对策略。同时，成本计划应允许在一定范围内进行调整和优化，以确保计划能够适应实际情况的变化。

（五）责任明确原则

成本计划的执行需要各部门的密切配合和共同努力。因此，在编制成本计划时，应明确各部门的职责和权限，确保计划的顺利执行。同时，应建立相应的考核和激励机制，激发员工参与成本管理的积极性和主动性，推动成本计划的顺利实施。

（六）经济性原则

成本计划的编制应追求经济效益的最大化。在制订计划时，企业应充分考虑成本效益分析，确保所采取的成本控制措施能够带来足够的经济效益。同时，成本计划应关注长期效益和可持续发展，避免短视行为和过度压缩成本导致企业竞争力下降。

（七）持续改进原则

成本计划的编制并非是一劳永逸的过程，而应是一个持续改进、不断优化的过程。企业应定期对成本计划进行评估和反思，发现计划中存在的问题和不足，应及时调整和优化计划。此外，企业还应关注行业发展趋势和最佳实践，吸收先进的管理理念和经验，推动成本计划的不断创新和完善。

综上所述，成本计划的编制应遵循目标导向、全面性、实事求是、灵活性、责任明确、经济性和持续改进等原则。这些原则共同构成了成本计划编制的基础和框架，为企业制订科学、合理的成本计划提供了指导。在实际操作中，企业应根据自身情况和市场需求，灵活运用这些原则，制定出既符合企业战略目标又符合实际情况的成本计划，以推动企业的健康发展。

二、成本计划的实施步骤

成本计划是企业为了有效控制成本、提高经济效益而制订的一项重要管理计划。其有效实施不仅关系到企业资源的合理利用，更直接影响到企业的竞争力和长期发展。因此，制订一套科学、合理的成本计划实施步骤显得尤为关键。本书将详细阐述成本计划的实施步骤，以期为企业顺利实施成本计划提供有益的参考。

（一）成本计划准备阶段

1.明确成本计划目标

在实施成本计划前，企业必须明确计划的目标。这些目标应与企业的整体战略保持一致，包括降低成本、提高资源利用效率、优化成本结构等。明确的目标有助于企业在实施过程中保持方向感，确保计划的顺利进行。

2.收集和分析成本数据

收集和分析成本数据是制订成本计划的基础。企业需要全面收集与成本相关的信息，包括历史成本数据、当前成本状况以及预期成本变动等。通过对这些数据的分析，企业可以了解成本的构成和变动趋势，为制订合理的成本计划提供依据。

3.制定成本计划方案

在收集和分析成本数据的基础上，企业需要制定具体的成本计划方案。方案应包括成本降低的目标、措施、时间表以及责任人等要素。同时，方案应具有可操作性和可衡量性，以便企业在实施过程中进行监控和评估。

（二）成本计划实施阶段

1.分解成本计划目标

为了确保成本计划的顺利实施，企业需要将总体目标分解为具体的、可操作的子目标。这些子目标应明确到各个部门和岗位，确保每位员工都清楚自己的职责和任务。

2.建立成本责任制

成本计划的实施需要各部门的协同配合。因此，企业应建立成本责任制，明确各部门在成本计划实施过程中的责任和义务。通过责任制的建立，可以激发员工的责任感和积极性，推动成本计划的顺利实施。

3.加强成本控制和监督

在成本计划实施过程中，企业应加强对成本的控制和监督。通过定期的成本核算和分析，企业可以及时了解成本的变动情况，发现成本控制中存在的问题和不足。此外，企业还应建立有效的监督机制，对成本计划的执行情况进行跟踪和检查，以确保计划的顺利实施。

4.实施成本改进措施

在成本计划实施过程中，企业应根据实际情况来采取针对性的成本改进措施。这些措施可以包括优化生产流程、降低原材料采购成本、提高设备利用率等。通过实施这些措施，企业可以进一步降低成本，提高经济效益。

（三）成本计划评估与调整阶段

1.评估成本计划实施效果

在成本计划实施一段时间后，企业需要对计划的实施效果进行评估。评估可以通过对比实际成本与计划成本、分析成本节约额和成本节约率等方式进行。通过评估，企业可以了解成本计划的执行情况和效果，为后续的计划调整提供依据。

2.调整成本计划

根据成本计划实施效果的评估结果，企业需要对计划进行调整。调整可以包括修改成本目标、优化成本措施、调整时间表等。通过调整，企业可以使成本计划更加符合实际情况和市场需求，提高计划的针对性和有效性。

（四）成本计划总结与反馈阶段

1. 总结成本计划实施经验

在成本计划实施结束后，企业需要对整个实施过程进行总结。总结可以包括分析成功经验和存在的问题、提炼有效的成本控制方法和管理经验等。通过总结，企业可以积累宝贵的经验，为今后的成本管理工作提供借鉴和参考。

2. 反馈成本计划实施情况

企业还需要将成本计划的实施情况反馈给相关部门和人员。反馈可以包括报告成本计划的执行情况、分享成本节约的成果和经验等。通过反馈，企业可以增强员工的参与感和成就感，激发他们继续参与成本管理的积极性和主动性。

（五）持续改进与提升阶段

1. 建立成本计划持续改进机制

成本计划的实施并非是一蹴而就的过程，而是需要持续改进和提升的。企业应建立成本计划的持续改进机制，定期对计划进行评估和调整，以适应市场变化和企业发展需求。

2. 加强成本管理的培训和宣传

为了提高员工的成本管理意识和能力，企业应加强对员工的成本管理培训和宣传。通过培训和宣传，员工可以更加深入地了解成本管理的重要性和方法，提高他们在成本管理中的参与度和贡献度。

3. 引入先进的成本管理理念和技术

随着市场竞争的加剧和技术的发展，企业应积极引入先进的成本管理理念和技术。这些先进的理念和技术可以帮助企业更好地控制成本、提高资源利用效率，从而增强企业的竞争力和市场份额。

综上所述，成本计划的实施步骤包括准备阶段、实施阶段、评估与调整阶段、总结与反馈阶段以及持续改进与提升阶段。每个阶段都有其特定的任务和要求，而企业需要按照这些步骤逐步推进成本计划的实施，确保计划的顺利进行和有效实施。通过科学、合理的成本计划实施步骤，企业可以更好地控制成本、提高经济效益，为企业的健康发展奠定坚实的基础。

三、计划编制与实施的协同控制

计划编制与实施的协同控制是企业管理中的一项重要任务，它涉及企业战略规划、资源配置、执行监控等多个方面。有效的协同控制可以确保计划的有效执行，提高资源的利用效率，进而实现企业的战略目标。本书将详细探讨计划编制与实施的协同控制，以期为企业实现高效管理提供有益的参考。

（一）计划编制与实施的关联性分析

计划编制与实施是企业管理的两个关键环节，它们之间存在着密切的关联。计划编制是实施的前提和基础，它为企业提供了明确的目标和行动指南。而实施则是计划的具体执行过程，通过有效的实施，企业可以逐步实现计划所设定的目标。

协同控制则强调在计划编制与实施过程中，各部门、各层级之间的协调与配合。通过协同控制，企业可以确保计划编制的科学性和合理性，同时可以在实施过程中及时调整和优化计划，以适应市场变化和企业发展需求。

（二）协同控制的关键要素

1. 目标一致性

协同控制的首要任务是确保计划编制与实施的目标保持一致。企业应明确战略目标和短期目标，并将其贯穿计划编制与实施的全过程。通过目标的一致性，可以确保各部门、各层级在行动上的协同和配合。

2. 信息共享与沟通

有效的信息共享和沟通是协同控制的基础。企业应建立健全的信息系统，确保计划编制与实施过程中的信息能够实时、准确地传递和共享。同时，企业还应加强内部沟通，鼓励员工积极参与计划的讨论和反馈，以便及时发现问题并进行调整。

3. 资源配置与优化

资源的合理配置和优化利用是协同控制的重要方面。企业应根据计划的需求和市场环境的变化，合理配置人力、物力、财力等资源。同时，企业还应通过技术创新、流程优化等手段，提高资源的利用效率，降低成本，增强竞争力。

4. 风险管理与应对

在计划编制与实施过程中，企业面临着各种风险和挑战。协同控制要求企业建立完善的风险管理机制，对可能出现的风险进行预测、评估和应对。通过制定风险应对策略和预案，企业可以在风险发生时迅速作出反应，减少损失，保障计划的顺利实施。

（三）协同控制的实施策略

1. 建立协同控制机制

企业应建立明确的协同控制机制，包括组织机构、职责分工、工作流程等。通过明确的机制，可以确保各部门、各层级在计划编制与实施过程中的协同和配合。

2. 强化计划执行与监控

企业应加强对计划执行情况的监控和评估，确保计划按照既定的目标和方向进行。同时，企业还应建立反馈机制，及时收集和分析执行过程中的问题和建议，以便对计划进行调整和优化。

3. 加强团队建设与培训

有效的团队建设和培训是提高协同控制能力的关键。企业应注重培养员工的协作精神和团队意识，通过定期的培训和交流活动，提高员工的专业素质和综合能力，为协同控制提供有力的人才保障。

4. 引入先进的协同管理工具

随着信息技术的发展，企业可以引入先进的协同管理工具，如项目管理软件、协同办公平台等。这些工具可以帮助企业实现信息的实时共享、任务的协同分配和进度的实时监控，提高协同控制的效率和准确性。

（四）协同控制的持续改进

协同控制是一个持续改进的过程。企业应定期对协同控制的效果进行评估和总结，发现问题并进行改进。同时，企业还应关注行业动态和技术发展趋势，不断引入新的管理理念和技术手段，推动协同控制的不断创新和升级。

总之，计划编制与实施的协同控制是企业实现高效管理的重要保障。通过目标一致性、信息共享与沟通、资源配置与优化以及风险管理与应对等关键要素的实施策略，企业可以建立起有效的协同控制机制，提高计划的执行效率和成功率，为企业的可持续发展奠定坚实的基础。

第三节　施工成本控制的方法与措施

一、成本控制的具体方法

成本控制是企业经营管理中的一项核心任务，它涉及企业生产经营的各个环节，直接关系到企业的经济效益和市场竞争力。有效的成本控制可以帮助企业降低成本、提高盈利能力，进而实现可持续发展。本书将详细探讨成本控制的具体方法，以期为企业实现成本控制目标提供有益的参考。

（一）成本预算控制法

成本预算控制法是企业成本控制的基础方法。通过制定详细的成本预算，企业可以对各项费用进行事前的规划和控制。在成本预算编制过程中，企业应充分考虑历史成本数据、市场行情、生产计划等因素，确保预算的合理性和可行性。此外，企业还应建立预算执行的监督机制，定期对预算执行情况进行分析和评估，及时发现问题并采取相应措施进行调整。

（二）标准成本控制法

标准成本控制法是通过制定标准成本，将实际成本与标准成本进行比较，从而找出差异并进行控制的方法。标准成本包括直接材料成本、直接人工成本和制造费用等。企业应根据产品的生产工艺和市场需求，制定合理的标准成本。在实际生产过程中，企业应密切关注实际成本与标准成本的差异，分析成本差异产生的原因，并采取相应的措施进行改进。

（三）目标成本控制法

目标成本控制法是以市场需求为导向，通过设定目标成本，对产品设计、生产流程、销售环节等进行优化，以实现成本控制的方法。企业应根据市场需求和竞争态势，设定合理的目标成本。然后，通过产品设计创新、生产流程优化、采购成本降低等手段，努力实现目标成本。目标成本控制法强调事前控制和全局优化，有助于企业在源头上降低成本。

（四）作业成本控制法

作业成本控制法是以作业为基础，通过对作业活动的分析和改进，实现成本控制的方法。企业应识别并划分各项作业活动，分析作业活动的成本动因，找出成本控制的关键点。然后，通过优化作业流程、提高作业效率、降低作业成本等手段，实现成本控制的目标。作业成本控制法有助于企业精准定位成本控制的薄弱环节，提高成本控制的针对性和有效性。

（五）质量成本控制法

质量成本控制法是通过提高产品质量、降低质量损失来实现成本控制的方法。企业应建立完善的质量管理体系，加强质量监控和检验，确保产品质量的稳定性和可靠性。此外，企业还应注重质量成本的核算和分析，找出质量损失的原因，并采取相应的措施进行改进。通过提高产品质量和降低质量损失，企业可以降低售后维修成本、减少客户投诉和退货等问题，进而实现成本控制的目标。

（六）信息化成本控制法

随着信息技术的不断发展，信息化成本控制法逐渐成为企业成本控制的重要手段。企业可以引入先进的成本管理系统，实现成本数据的实时采集、处理和分析。通过信息化手段，企业可以更加便捷地监控成本执行情况，及时发现成本异常并进行处理。同时，信息化成本控制法还可以帮助企业实现成本数据的共享和协同，提高成本控制的效率和准确性。

（七）成本责任制控制法

成本责任制控制法是通过建立成本责任制，将成本控制目标分解到各个部门和岗位，实现成本控制的方法。企业应明确各部门的成本控制职责和目标，建立相应的考核和激励机制。通过责任制的建立，可以激发员工的成本控制意识和积极性，推动成本控制工作的顺利开展。此外，企业还应加强成本控制的培训和宣传，提高员工的成本控制能力和素质。

（八）持续改进与创新控制法

成本控制是一个持续改进与创新的过程。企业应定期对成本控制方法和效果进行评估和总结，发现问题并进行改进。此外，企业还应关注行业动态和技术发展趋势，积极引入新的成本控制理念和方法，推动成本控制的不断创新和升级。通过持续改进与创新控制法，企业可以不断优化成本控制体系，提高成本控制的效率和效果。

综上所述，成本控制的具体方法多种多样，企业应根据自身的实际情况和需求选择合适的方法。此外，企业还应注重成本控制与其他管理活动的协同配合，形成全面、系统的成本控制体系。通过有效的成本控制，企业可以降低经营成本、提高经济效益，为企业的可持续发展奠定坚实的基础。

二、成本控制的保障措施

成本控制作为企业管理的重要组成部分，对于提高企业的经济效益和市场竞争力具有至关重要的作用。为了确保成本控制工作的有效实施，企业需要采取一系列保障措施，从制度、人员、技术等多个方面提供支持。本书将详细探讨成本控制的保障措施，以期为企业实现成本控制目标提供有益的参考。

（一）建立健全成本控制制度

制度是成本控制工作的基础，建立、健全成本控制制度是保障成本控制有效实施的关键。企业应制定详细的成本控制规定和流程，明确各部门的成本控制职责和目标，确保成本控制工作的规范化和系统化。此外，企业还应建立成本控制考核和激励机制，将成本控制成果与员工绩效挂钩，激发员工的成本控制意识和积极性。

（二）加强成本控制意识培训

成本控制工作需要全体员工共同参与和努力，因此加强成本控制意识培训至关重要。企业应定期开展成本控制知识培训，提高员工对成本控制重要性的认识和理解。此外，企业还应通过内部宣传、案例分析等方式，增强员工对成本控制的实际操作能力，确保成本控制理念深入人心。

（三）引入先进的成本控制方法和技术

随着科技的发展，越来越多的先进成本控制方法和技术涌现出来，企业应积极引入这些新方法和新技术，提高成本控制的效果和效率。例如，企业可以引入作业成本法、目标成本法等先进的成本控制方法，对成本进行精细化管理。此外，企业还可以利用信息化手段，建立成本控制系统，实现成本数据的实时采集、处理和分析，提高成本控制的准确性和及时性。

（四）优化生产流程和管理流程

生产流程和管理流程的优化是降低成本的重要途径。企业应通过对生产流程和管理流程的梳理和分析，找出存在的浪费和不合理之处，并采取相应的措施进行优化。例如，企业可以通过改进生产工艺、提高设备利用率、减少库存等方式降低生产成本；同时，企业还可以通过优化管理流程、减少决策层级、提高管理效率等方式降低管理成本。

（五）强化成本控制监管与审计

成本控制的监管与审计是保障成本控制措施得到有效执行的重要手段。企业应建立健全成本控制监管机制，对成本控制过程进行实时监督和检查，确保成本控制措施得到有效落实。此外，企业还应定期对成本控制工作进行审计，评估成本控制的效果和存在的问题，为改进成本控制工作提供依据。

（六）建立成本控制信息共享平台

成本控制工作需要各部门之间的密切协作和配合，因此建立成本控制信息共享平台至关重要。通过信息共享平台，各部门可以实时了解成本控制的进展情况和存在的问题，及时沟通和协调，共同推动成本控制工作的顺利开展。同时，信息共享平台还可以为企业提供全面的成本数据支持，为决策层提供有力的数据依据。

（七）注重成本控制与质量管理的结合

成本控制与质量管理是企业管理的两个重要方面，两者相互促进、相互制约。企业在实施成本控制的同时，应注重与质量管理的结合。通过提高产品质量、降低质量损失，企业可以进一步降低生产成本，提高经济效益。同时，质量管理水平的提升有助于企业更好地识别和控制成本风险，确保成本控制的稳定性和可持续性。

（八）鼓励员工参与成本控制创新

员工的智慧和创造力是企业实现成本控制目标的重要动力源泉。企业应鼓励员工积极参与成本控制创新活动，提出改进成本控制的新思路、新方法。通过员工的创新实践，企业可以不断完善成本控制体系，提高成本控制的效率和效果。

综上所述，成本控制的保障措施涵盖了制度、人员、技术等多个方面。企业应根据自身的实际情况和需求，制定切实可行的保障措施，确保成本控制工作的有效实施。通过建立健全成本控制制度、加强成本控制意识培训、引入先进的成本控制方法和技术等措施的实施，企业可以不断提高成本控制水平，进而为企业的可持续发展奠定坚实的基础。

第四节　施工成本分析与评价

一、成本分析的指标体系

成本分析是企业财务管理和决策支持的重要组成部分，通过构建科学合理的成本分析指标体系，企业能够全面、深入地了解成本构成、变动趋势及影响因素，进而制定有效的成本控制策略，提高企业经济效益和市场竞争力。本书将详细探讨成本分析的指标体系，以期为企业构建和完善成本分析体系提供有益的参考。

（一）成本分析的基本框架

成本分析指标体系的构建应遵循系统性、全面性、可操作性和动态性等原则，确保指标能够真实反映企业的成本状况，并为企业决策提供有力支持。一般而言，成本分析的基本框架包括成本构成分析、成本变动分析、成本效益分析和成本风险控制分析等方面。

（二）成本构成分析指标

成本构成分析主要关注企业成本的组成部分及其所占比情况，有助于企业了解各项成本的大小和重要性，从而进行有针对性的成本控制。常见的成本构成分析指标包括以下四个。

（1）直接材料成本率：反映直接材料成本在总成本中的占比，帮助企业分析材料成本的控制情况。

（2）直接人工成本率：反映直接人工成本在总成本中的占比，有助于企业评估人工效率及人工成本水平。

（3）制造费用成本率：反映制造费用在总成本中的占比，有助于企业分析生产过程中的费用控制情况。

（4）期间费用成本率：反映管理费用、销售费用和财务费用等期间费用在总成本中的占比，帮助企业了解运营成本水平。

（三）成本变动分析指标

成本变动分析主要关注企业成本随时间或业务量的变化情况，有助于企业及时发现成本异常和波动，分析成本变动的原因，并采取相应的控制措施。常见的成本变动分析指标包括以下三个。

（1）成本变动率：反映成本总额在不同时期的变动情况，有助于企业分析成本的整体变化趋势。

（2）单位成本变动率：反映单位产品成本在不同时期的变动情况，有助于企业分析成本与生产量的关系。

（3）成本结构变动率：反映成本构成在不同时期的变动情况，有助于企业分析成本构成的稳定性及优化潜力。

（四）成本效益分析指标

成本效益分析主要关注企业成本与收益之间的关系，通过比较成本和收益，评估企业的盈利能力和成本效率。常见的成本效益分析指标包括以下三个。

（1）成本利润率：反映企业利润与成本之间的比例关系，有助于企业评估成本投入的回报情况。

（2）成本费用率：反映企业费用与成本之间的比例关系，有助于企业分析费用的合理性及优化空间。

（3）成本节约额及节约率：反映企业通过成本控制措施实现的成本节约额度和节约比例，有助于企业评估成本控制的效果。

（五）成本风险控制分析指标

成本风险控制分析主要关注企业在成本控制过程中可能面临的风险及应对措施，旨在降低成本风险对企业经营稳定性的影响。常见的成本风险控制分析指标包括以下三个。

（1）成本波动率：反映成本在一定时期内的波动程度，有助于企业评估成本风险的大小。

（2）成本风险预警指标：根据企业历史数据和行业经验设定的成本风险预警阈值，当成本数据超过或低于该阈值时，触发预警机制，提醒企业及时关注并应对潜在的成本风险。

（3）成本控制措施有效性评估指标：通过对成本控制措施实施前后的成本数据进行对比和分析，以评估控制措施的有效性，为企业调整和优化成本控制策略提供依据。

（六）其他辅助指标

除上述核心指标外，还有一些辅助指标可以帮助企业更全面地了解成本状况，如成本预算执行情况、成本差异分析等。这些指标能够提供更多的信息，帮助企业更深入地分析成本问题，制定更有效的成本控制策略。

（七）指标体系的动态调整与优化

成本分析的指标体系并非是一成不变，而是随着市场环境、企业规模、业务结构等因素的变化，指标体系也需要进行动态调整和优化。企业应定期对指标体系进行评估和审查，根据实际情况对指标进行增减、修改或重新设定权重，以确保指标体系能够始终反映企业的成本状况和需求。

综上所述，成本分析的指标体系是一个多层次、多维度的体系，它涵盖了成本构成、变动、效益和风险等多个方面。企业应结合自身实际情况和需求，构建和完善适合自身的成本分析指标体系，为企业的成本控制和决策提供有力支持。

二、成本分析的具体方法

成本分析是企业财务管理的重要环节，通过对成本的深入剖析，企业能够了解成本的构成、变动趋势及影响因素，进而制定有效的成本控制策略，提升经济效益。本研究将详细探讨成本分析的具体方法，以期为企业进行成本分析提供有益的参考。

（一）成本分析的基本步骤

在进行成本分析之前，企业需要明确分析的目的和范围，收集相关的成本数据，并确定分析的时间段和对象。然后，按照以下基本步骤进行成本分析。

（1）数据整理与分类：对收集到的成本数据进行整理，按照不同的成本类型（如直接材料成本、直接人工成本、制造费用等）进行分类，为后续分析提供清晰的数据基础。

（2）成本构成分析：分析各类成本在总成本中的占比，了解成本的主要构成部分，识别成本控制的重点。

（3）成本变动分析：分析成本随时间或业务量的变动情况，揭示成本的变动趋势和规律，为成本控制提供依据。

（4）成本效益分析：将成本与收益进行对比，评估成本的投入与产出关系，分析成本的合理性和有效性。

（5）成本差异分析：通过实际成本与预算成本、标准成本等的比较，找出成本差异的原因，为成本控制提供改进方向。

（二）成本分析的具体方法

1.比较分析法

比较分析法是成本分析中最常用的方法之一。它通过将实际成本与预算成本、历史成本、行业平均成本等进行比较，揭示成本的差异和变动情况。通过比较分析法，企业可以了解自身成本水平的高低，发现成本控制中存在的问题，并制定相应的改进措施。

在实施比较分析法时，企业需要注意数据的可比性和准确性，避免因数据差异导致分析结果失真。同时，企业还应结合实际情况，对比较结果进行深入分析，找出成本差异的原因和影响因素。

2. 结构分析法

结构分析法主要关注成本的构成和比例关系。通过对成本构成的详细分析，企业可以了解各类成本在总成本中的占比情况，进而识别成本控制的关键环节。结构分析法有助于企业优化成本结构，降低高成本项目的占比，提高成本效益。

进行结构分析时，企业需要明确各项成本的定义和范围，确保分类的准确性。同时，企业还应关注成本结构的变化趋势，及时调整成本控制策略，以适应市场环境的变化。

3. 因素分析法

因素分析法用于分析影响成本变动的各种因素及其影响程度。通过因素分析法，企业可以深入了解成本变动的内在原因，为成本控制提供有针对性的建议。因素分析法通常包括连环替代法和差额分析法等方法。

在使用因素分析法时，企业需要准确识别影响成本变动的关键因素，并对其进行量化分析。同时，企业还应关注各因素之间的相互作用和影响，以全面揭示成本变动的规律。

4. 趋势分析法

趋势分析法主要关注成本随时间的变化趋势。通过对历史成本数据的分析，企业可以了解成本的长期变动趋势和周期性变化规律，为预测未来成本提供参考。趋势分析法有助于企业制订长期成本控制策略，提高成本管理的预见性和主动性。

在进行趋势分析时，企业需要选择合适的分析方法和模型，确保分析结果的准确性和可靠性。同时，企业还应关注外部环境的变化对成本趋势的影响，及时调整分析策略。

5. 量本利分析法

量本利分析法是一种将成本、业务量和利润三者结合起来进行分析的方法。它通过分析不同业务量水平下的成本和利润情况，为企业制订生产计划和销售策略提供依据。量本利分析法有助于企业实现成本、业务量和利润三者之间的最佳平衡，提高经济效益。

在使用量本利分析法时，企业需要准确预测业务量水平，并合理估算成本和利润。同时，企业还应关注市场需求和竞争态势的变化，及时调整生产计划和销售策略。

（三）成本分析的注意事项

在进行成本分析时，企业需要注意以下几点。

（1）确保数据的准确性和完整性：成本分析的基础是数据，因此企业需要确保收集到的成本数据准确、完整，避免因数据问题导致分析结果失真。

（2）结合实际情况进行分析：成本分析需要紧密结合企业的实际情况进行，避免脱离实际的分析导致结果失去指导意义。

（3）注重分析结果的运用：成本分析的目的是指导成本控制和决策，因此企业需要注重分析结果的运用，将分析结果转化为具体的改进措施和行动计划。

综上所述，成本分析的具体方法多种多样，企业应根据自身实际情况和需求选择合适的方法进行分析。通过科学、有效的成本分析，企业可以更加深入了解成本的构成和变动规律，为成本控制和决策提供有力支持。

三、成本评价的标准与流程

成本评价是企业进行成本管理的关键环节，通过对成本的全面评估，企业能够了解成本控制的效果，发现成本管理中存在的问题，进而制定改进措施，提升经济效益。本书将详细探讨成本评价的标准与流程，以期为企业进行成本评价提供有益的参考。

（一）成本评价的目的与意义

成本评价的主要目的是客观评估企业成本管理的效果，识别成本控制中的薄弱环节，为企业制定更为科学的成本控制策略提供依据。通过成本评价，企业可以了解各项成本的实际发生情况，分析成本构成和变动趋势，揭示成本差异的原因，为优化成本结构、提高成本效益提供有力支持。

成本评价的意义在于帮助企业实现成本管理的精细化、科学化和系统化。通过成本评价，企业可以建立健全的成本控制体系，完善成本管理制度，提升成本管理水平。同时，成本评价还可以促进企业内部各部门之间的沟通与协作，形成成本管理的合力，共同推动企业成本管理工作的持续改进。

（二）成本评价的标准

成本评价的标准是进行评价的基础和依据，它应该具有客观性、可比性和可操作性。常见的成本评价标准包括以下几个方面。

（1）成本预算标准：以企业制定的成本预算为基准，对比实际成本与预算成本的差异，评估成本控制的执行情况。预算标准应充分考虑企业的战略目标、市场环境、生产能力等因素，确保预算的合理性和可行性。

（2）历史成本标准：以企业过去一段时间内的成本数据为基准，对比当前成本与历史成本的差异，分析成本变动的趋势和规律。历史成本标准有助于企业了解成本的长期变化情况，为制定成本控制策略提供参考。

（3）行业成本标准：以同行业或同类型企业的成本数据为基准，对比企业成本与行业标准的差异，评估企业在行业中的成本水平。行业成本标准有助于企业了解自身在行业中的竞争地位，为制定市场竞争策略提供依据。

（4）目标成本标准：以企业设定的目标成本为基准，对比实际成本与目标成本的差异，评估企业实现成本目标的程度。目标成本标准应体现企业的战略意图和市场竞争需求，引导企业不断降低成本、提高效益。

（三）成本评价的流程

成本评价的流程包括准备阶段、实施阶段和总结阶段，具体如下。

1. 准备阶段

（1）确定评价目标和范围：明确成本评价的目的、对象和时间范围，确保评价工作具有针对性和实效性。

（2）收集成本数据：收集与成本评价相关的各类数据，包括实际成本数据、预算成本数据、历史成本数据、行业成本数据等，确保数据的准确性和完整性。

（3）制定评价标准和方法：根据评价目标和范围，选择合适的评价标准和方法，制订详细的评价方案。

2. 实施阶段

（1）数据处理与分析：对收集到的成本数据进行整理、分类和计算，运用比较分析法、结构分析法、因素分析法等方法，分析成本的构成、变动趋势和差异原因。

（2）编写评价报告：根据分析结果，编写成本评价报告，明确评价结论和建议，为制定改进措施提供依据。

3. 总结阶段

（1）反馈与沟通：将成本评价报告反馈给相关部门和人员，就评价结果和改进建议进行沟通和讨论，达成共识。

（2）制定改进措施：根据评价结果和建议，制订具体的改进措施和行动计划，明确责任人和时间节点。

（3）跟踪与监督：对改进措施的执行情况进行跟踪和监督，确保改进措施得到有效实施并取得预期效果。

（四）成本评价的注意事项

在进行成本评价时，企业需要注意以下几点。

（1）确保评价标准的客观性和可比性：评价标准应基于实际数据和客观事实，避免主观臆断和偏见。同时，评价标准应具有可比性，能够反映企业在不同时间、不同条件下的成本水平。

（2）注重成本效益分析：成本评价不仅要关注成本的降低程度，还要分析成本降低所带来的效益增加情况。通过成本效益分析，企业可以更加全面地评估成本管理的效果和价值。

（3）强化成本管理的系统性和整体性：成本评价应贯穿企业成本管理的全过程，同时涉及各个部门和环节。通过成本评价，企业可以加强各部门之间的协作与配合，形成成本管理的合力，共同推动成本管理工作的持续改进。

（4）持续改进成本评价体系：成本评价体系是一个动态的过程，需要随着企业内外部环境的变化而不断调整和完善。企业应定期对成本评价体系进行审查和更新，确保其始终符合企业的实际情况和发展需求。

综上所述，成本评价是企业进行成本管理的重要环节。通过制定合理的评价标准和流程，企业可以全面了解成本管理的效果和问题所在，为制定改进措施提供有力支持。同时，企业还应注重成本评价的持续性和动态性，不断完善和优化成本评价体系，以适应不断变化的市场环境和企业需求。

第五节　施工成本优化与降低途径

一、成本优化的基本原则

成本优化是企业经营管理中不可或缺的一环节，它涉及企业资源的合理配置、生产效率的提升以及经济效益的最大化。在竞争激烈的市场环境中，成本优化不仅有助于企业降低成本、提高盈利能力，还能增强企业的竞争力和抗风险能力。本书将详细探讨成本优化的基本原则，以期为企业实施成本优化提供有益的参考。

（一）全面性原则

成本优化应遵循全面性原则，即要从企业的整体角度出发，全面考虑各项成本因素，包括直接成本、间接成本、固定成本、变动成本等。只有对成本进行全面的分析和管理，才能确保优化措施的有效性和全面性。同时，全面性原则还要求企业在成本优化过程中，注重各部门之间的协调与配合，形成合力，共同推动成本优化工作的深入开展。

（二）目标导向原则

成本优化应以实现企业的战略目标为导向，根据企业的战略规划和市场需求，制定具体的成本优化目标。这些目标应具有可衡量性、可达成性和挑战性，以便企业在实施成本优化过程中能够明确方向、把握重点。同时，目标导向原则还要求企业在成本优化过程中，不断调整和优化目标，以适应市场变化和企业发展需求。

（三）经济性原则

成本优化的核心目的是提高企业的经济效益，因此在实施成本优化时，应遵循经济性原则。这意味着企业在选择优化措施时，应充分考虑成本效益比，确保所采取的措施能够以较低的成本实现较高的效益。同时，经济性原则还要求企业在成本优化过程中，注重资源的节约和循环利用，降低资源浪费和环境污染，实现可持续发展。

（四）长期性原则

成本优化是一项长期而持续的工作，需要企业不断投入精力和资源。因此，在实施成本优化时，应遵循长期性原则，注重优化措施的可持续性和稳定性。这意味着企业在制定成本优化策略时，应充分考虑企业的长期发展需求和市场变化趋势，避免采取短期行为而损害企业的长远利益。同时，长期性原则还要求企业在成本优化过程中，不断总结经验教训，完善优化机制，确保成本优化工作的持续推进。

（五）创新驱动原则

成本优化需要不断创新，通过引入新技术、新工艺、新管理等手段，为企业提高生产效率、降低生产成本。创新驱动原则要求企业在成本优化过程中，保持敏锐的市场洞察力和创新精神，积极探索适合企业发展的成本优化路径。同时，企业还应加强与外部合作伙伴的沟通与协作，共同推动成本优化技术的研发和应用。

（六）精细化管理原则

精细化管理是实现成本优化的重要手段。企业应通过建立完善的成本管理体系，实现成本数据的准确收集、分析和应用。精细化管理原则要求企业在成本优化过程中，注重细节管理，从生产流程的每一个环节入手，挖掘成本降低的潜力。同时，企业还应加强成本控制的监督和考核，确保各项成本优化措施得到有效执行。

（七）风险控制原则

成本优化过程中，企业面临着各种风险和挑战，如市场风险、技术风险、管理风险等。因此，在实施成本优化时，应遵循风险控制原则，建立健全的风险管理机制。这包括对市场环境进行深入分析，预测潜在风险；加强技术研发和人才培养，提高应对风险的能力；制定合理的成本控制策略，确保成本优化的稳定性和安全性。

（八）员工参与原则

员工是企业成本优化的重要参与者和推动者。在实施成本优化时，企业应充分调动员工的积极性和创造性，鼓励他们提出改进意见和建议。员工参与原则要求企业建立良好的沟通机制，及时收集员工的反馈意见，将员工的智慧和力量融入成本优化工作中。同时，企业还应加强员工培训和教育，提高员工的成本意识和成本管理能力。

综上所述，成本优化的基本原则涵盖了全面性、目标导向、经济性、长期性、创新驱动、精细化管理、风险控制以及员工参与等多个方面。企业在实施成本优化时，应遵循这些原则，再结合企业的实际情况和市场环境，来制定切实可行的成本优化策略。通过不断优化成本结构、提高生产效率、降低资源浪费等措施，企业可以实现成本的有效控制和管理，提高企业的经济效益和竞争力。

二、成本降低的具体途径

成本降低是企业提升经济效益、增强市场竞争力的重要手段。在日益激烈的市场竞争中，企业为了生存和发展，必须不断探索成本降低的有效途径，实现成本的有效控制和管理。本书将详细探讨成本降低的具体途径，以期为企业实现成本优化提供有益的参考。

（一）优化生产流程

生产流程是企业实现产品制造和价值创造的核心环节，也是成本控制的重要领域。通过优化生产流程，企业可以降低生产过程中的不必要浪费，提高生产效率，进而降低产品成本。具体途径包括以下三条。

精简生产环节：对生产流程进行梳理，去除冗余和不必要的环节，减少生产过程中的时间和资源消耗。

引入先进工艺和设备：采用先进的生产工艺和设备，提高生产自动化和智能化水平，降低人工成本和操作难度。

加强生产调度和协调：优化生产计划和调度，确保生产过程的连续性和稳定性，减少生产中断和等待时间。

（二）加强原材料管理

原材料是产品成本的重要组成部分，加强原材料管理对于降低产品成本具有重要意义。具体途径包括：

（1）优化采购策略：与供应商建立长期稳定的合作关系，采取集中采购、批量采购等方式，降低采购成本。

（2）提高原材料利用率：通过改进生产工艺和加强现场管理，提高原材料的利用率，减少浪费和损耗。

（3）建立原材料库存管理制度：根据生产需求和市场变化，合理控制原材料库存量，避免库存积压和资金占用。

（三）降低人工成本

人工成本是企业成本的重要组成部分，降低人工成本是成本降低的重要途径之一。具体途径包括以下三条。

（1）提高员工技能和素质：通过培训和教育，提高员工的技能和素质，使员工能够胜任更高效率、更高质量的工作。

（2）推行精益生产：通过精益生产理念和方法的应用，减少生产过程中的浪费和冗余，提高员工的工作效率。

（3）优化人力资源配置：根据企业实际需求和员工能力特点，合理配置人力资源，避免人力资源的浪费和闲置。

（四）加强能源管理

能源是企业生产过程中不可或缺的资源，加强能源管理对于降低产品成本具有重要意义。具体途径包括以下三条。

（1）提高能源利用效率：通过改进生产工艺和设备，提高能源的利用效率，减少能源消耗。

（2）推广节能技术和设备：采用节能技术和设备，降低能源消耗和排放，实现绿色生产。

（3）建立能源管理制度：制订能源管理计划和目标，加强能源使用的监控和考核，确保能源使用的合理性和经济性。

（五）实施成本管理信息化

成本管理信息化是提高成本管理效率和准确性的重要手段。通过实施成本管理信息化，企业可以实时掌握成本数据，分析成本构成和变动趋势，为成本降低提供有力支持。具体途径包括以下三条。

（1）建立成本管理系统：利用信息技术手段，建立成本管理系统，实现成本数据的自动收集和整理。

（2）强化数据分析功能：对成本数据进行深入分析，找出成本异常和浪费的环节，为成本优化提供决策依据。

（3）实现成本信息共享：通过成本信息共享平台，加强企业内部各部门之间的沟通与协作，形成成本管理的合力。

（六）推行全面质量管理

全面质量管理是确保产品质量、降低不良品率、减少质量损失的有效途径。通过推行全面质量管理，企业可以提高产品质量和客户满意度，进而降低质量成本。具体途径包括以下三条。

（1）建立质量管理体系：制定质量管理标准和流程，明确质量责任和要求，确保产品质量的稳定性和可靠性。

（2）加强质量培训和教育：提高员工的质量意识和技能水平，使员工能够积极参与质量管理和改进工作。

（3）实施质量奖惩制度：对质量管理工作进行定期考核和评估，对优秀员工进行奖励，对质量问题进行追责和整改。

（七）创新管理模式

创新管理模式是成本降低的重要途径之一。通过引入新的管理理念和方法，企业可以打破传统管理模式的束缚，实现成本管理的突破和创新。具体途径包括以下三条。

（1）推行目标成本管理：根据企业战略目标和市场需求，设定具体的成本目标，通过目标成本管理方法，实现成本的有效控制。

（2）实施成本责任制度：将成本责任落实到具体部门和个人，明确成本目标和考核标准，通过激励机制和约束机制，推动成本降低工作的深入开展。

（3）加强成本管理文化建设：营造积极向上的成本管理文化氛围，提高员工的成本意识和责任感，形成全员参与成本管理的良好局面。

综上所述，成本降低的途径多种多样，企业应根据自身的实际情况和市场环境，选择适合自己的成本降低策略。通过优化生产流程、加强原材料管理、降低人工成本、加强能源管理、实施成本管理信息化、推行全面质量管理以及创新管理模式等途径的综合运用，企业可以实现成本的有效降低，提高企业的经济效益和市场竞争力。

三、优化与降低的实践效果

在当前激烈的市场竞争环境下，企业面临着巨大的成本压力。为了提升经济效益和市场竞争力，企业纷纷开展成本优化与降低工作。本书将从多个方面探讨优化与降低成本的实践效果，以期为企业实现可持续发展提供有益的参考。

（一）经济效益显著提升

通过成本优化与降低的实践，企业能够显著提升经济效益。首先，成本降低能够直接减少企业的支出，提高利润空间。企业通过优化生产流程、改进原材料管理、降低人工成本等措施，有效减少了生产过程中的浪费和损耗，从而降低了产品成本。其次，成本优化能够提升企业的运营效率。优化后的生产流程更加高效、稳定，减少了生产中断和等待时间，提高了生产效率。此外，通过加强能源管理和实施成本管理信息化等措施，企业能够实时掌握成本数据，分析成本构成和变动趋势，为决策提供更加准确的数据支持。这些实践效果共同促使企业的经济效益得到显著提升。

（二）市场竞争力明显增强

成本优化与降低的实践不仅能够提升企业的经济效益，还能明显增强企业的市场竞争力。首先，成本降低使企业能够以更低的价格提供产品和服务，从而吸引更多的消费者和客户。在价格敏感的市场中，低成本往往成为企业竞争的重要优势。其次，成本优化能够提升企业的产品质量和服务水平。通过推行全面质量管理、加强员工培训和教育等措施，企业能够提高产品质量和客户满意度，进而赢得更多客户的信任和支持。此外，成本优化还能够使企业更加灵活地应对市场变化。企业能够根据市场需求和竞争态势，及时调整生产计划和产品策略，快速响应市场变化，保持竞争优势。

（三）资源利用效率大幅提高

成本优化与降低的实践过程中，企业注重资源的合理利用和高效利用，使资源利用效率大幅提高。首先，通过优化生产流程和原材料管理，企业能够减少原材料的浪费和损耗，提高原材料的利用率。这不仅降低了原材料成本，还减少了对自然资源的消耗，有利于可持续发展。其次，加强能源管理使企业能够降低能源消耗，提高能源利用效率。通过采用节能技术和设备、建立能源管理制度等措施，企业能够减少能源浪费，降低能源成本，同时有助于减少环境污染。此外，成本管理信息化和全面质量管理的实施，也能帮助企业更加精准地掌握资源使用情况，及时发现并解决资源浪费问题，进一步提高资源利用效率。

（四）管理水平和员工素质得到提升

成本优化与降低的实践不仅关注成本的降低，还注重管理水平和员工素质的提升。首先，通过引入先进的管理理念和方法，如精益生产、目标成本管理等，企业能够提升管理水平和效率。这些管理理念和方法的应用，使企业能够更加科学地制定生产计划、管理生产过程、控制成本支出，提高整体运营效率。其次，成本优化与降低的实践过程中，企业需要加强员工培训和教育，提高员工的技能和素质。这使员工能够更好地适应新的生产工艺和设备，提高工作效率和质量，同时增强了员工的成本意识和责任感。这些提升的管理水平和员工素质，为企业的长期发展奠定了坚实的基础。

（五）风险应对能力得到增强

成本优化与降低的实践还能够增强企业的风险应对能力。首先，通过成本优化，企业能够降低固定成本和变动成本的比例，使成本结构更加合理和稳定。这有助于企业在面临市场波动和不确定因素时，保持成本的可控性和稳定性，降低经营风险。其次，成本优化能够提升企业的资金利用效率。通过降低库存积压、减少应收账款等方式，企业能够释放更多的资金用于研发、创新和市场拓展等方面，提高企业的竞争力和市场适应能力。此外，通过加强内部管理和质量控制，企业还能够降低产品质量风险和法律风险，确保企业的稳健发展。

综上所述，成本优化与降低的实践效果表现在多个方面，包括经济效益的提升、市场竞争力的增强、资源利用效率的提高、管理水平和员工素质的提升以及风险应对能力的增强等。这些实践效果共同促使企业实现可持续发展和长期竞争优势。因此，企业应积极开展成本优化与降低工作，不断探索和实践新的成本管理方法和技术，以适应不断变化的市场环境和竞争态势。

第六章 建筑市政工程施工安全管理

第一节 施工安全管理的重要性与目标

一、安全管理的重要性认识

安全管理是企业运营中不可或缺的一环节，它涉及企业生产经营的各个方面，直接关系到企业的稳定发展和员工的生命安全。随着现代社会对安全生产要求的不断提高，安全管理的重要性日益凸显。本书将从多个角度深入阐述安全管理的重要性，以期增强人们对安全管理的认识和重视。

（一）保障员工生命安全与身心健康

员工是企业最宝贵的财富，他们的生命安全与身心健康是企业发展的基石。安全管理的首要任务就是确保员工在工作过程中的安全，预防各类事故的发生。通过建立健全的安全管理制度，加强安全教育培训，提高员工的安全意识和操作技能，可以有效减少事故发生的可能性，保障员工的生命安全。同时，安全管理还关注员工的身心健康，通过改善工作环境、减轻工作压力、提供必要的劳动保护等措施，确保员工能够在健康、舒适的环境中工作，提高工作效率和生活质量。

（二）维护企业稳定运营与发展

安全生产是企业稳定运营的基础。一旦发生安全事故，不仅会造成人员伤亡和财产损失，还会影响企业的正常生产和经营秩序，给企业带来巨大经济损失。因此，安全管理对于维护企业的稳定运营至关重要。通过加强安全管理，企业可以及时发现和消除安全隐患，预防事故的发生，确保生产过程的顺利进行。同时，安全管理还有助于提升企业的形象和声誉，增强客户对企业的信任和支持，为企业的长期发展奠定了坚实的基础。

（三）促进社会和谐稳定与发展

企业是社会的重要组成部分，企业的安全生产状况直接关系到社会的和谐稳定。安全事故的发生不仅会给企业带来损失，还会对社会造成不良影响，甚至会引发社会矛盾和冲突。因此，加强安全管理不仅是企业的责任，也是社会的期望。通过提高企业的安全管理水平，减少安全事故的发生，可以有效降低社会风险，维护社会的和谐稳定。同时，企业的安全生产也有助于推动社会的可持续发展，为社会的繁荣和进步做出贡献。

（四）提升企业竞争力与市场占有率

在当前激烈的市场竞争中，企业的竞争力不仅体现在产品质量和价格上，更体现在企业的综合管理能力上。安全管理作为企业管理的重要组成部分，对于提升企业的竞争力具有重要意义。通过加强安全管理，企业可以提高生产效率、降低生产成本、减少资源浪费，从而提升产品的竞争力。同时，安全管理还可以增强企业的品牌形象和信誉度，吸引更多的客户和合作伙伴，扩大企业的市场份额。

（五）推动行业安全与规范发展

安全管理不仅关乎单个企业的利益，更对整个行业的发展具有重要影响。一个行业若缺乏统一的安全管理标准和规范，则会使各企业之间在安全管理上参差不齐，将导致整个行业的安全风险加大，甚至可能影响行业的健康发展。因此，加强安全管理有助于推动行业制定和执行统一的安全标准和规范，提升整个行业的安全管理水平，促进行业的健康、稳定和可持续发展。

综上所述，安全管理对于保障员工生命安全、维护企业稳定运营、促进社会和谐稳定、提升企业竞争力以及推动行业安全规范发展等方面都具有重要意义。因此，我们必须深刻认识安全管理的重要性，不断加强安全管理力度，提高安全管理水平，为企业和社会的持续、健康发展提供坚实保障。同时，政府、企业和社会各界也应共同努力，形成安全管理的合力，共同推动安全管理工作的深入开展。

二、安全管理的核心目标

安全管理作为组织运营中不可或缺的一环节，其核心目标在于确保员工生命安全、维护资产完整、保障生产过程稳定，以及实现企业的可持续发展。这些目标不仅关系到企业的经济效益，更直接影响到员工的家庭幸福和社会的和谐稳定。因此，深入理解和把握安全管理的核心目标，对于提升安全管理水平、促进企业健康发展具有重要意义。

（一）保障员工生命安全

员工是企业的核心力量，他们的生命安全是企业最基本的责任。安全管理的首要目标就是确保员工在工作场所的人身安全，预防和减少各类事故的发生。为此，企业需要建立健全的安全管理制度，明确安全责任，加强安全教育培训，提高员工的安全意识和自我保护能力。同时，企业还应定期进行安全检查和评估，及时发现和消除安全隐患，确保员工在一个安全、健康的环境中工作。

（二）维护资产完整

企业的资产是企业经营的基础，包括设备、设施、原材料、产品等。安全管理的另一个核心目标是保护企业资产不受损失和破坏。通过加强安全管理，企业可以预防和减少火灾、盗窃、爆炸等事故的发生，保障资产的完整性和安全性。此外，安全管理还可以帮助企业合理规划和利用资源，提高资源利用效率，降低生产成本，增强企业的竞争力。

（三）保障生产过程稳定

生产过程是企业实现经济效益和社会效益的关键环节。安全管理的核心目标之一就是要保障生产过程的稳定和安全。通过制定严格的安全操作规程和应急预案，企业可以确保生产设备的正常运行，减少因设备故障或操作失误导致的事故发生。同时，安全管理还可以帮助企业优化生产流程，提高生产效率，确保产品质量的稳定性和可靠性。

（四）促进企业可持续发展

安全管理不仅是企业当前的紧迫任务，更是实现可持续发展的关键保障。通过加强安全管理，企业可以树立良好的企业形象，吸引更多的客户和合作伙伴，扩大市场份额。同时，安全管理还可以帮助企业提高员工的忠诚度和满意度，增强企业的凝聚力和向心力。这些都有助于企业在激烈的市场竞争中立于不败之地，实现长期稳健的发展。

（五）提升组织整体风险管理能力

安全管理的核心目标之一是提高组织整体的风险管理能力。在一个复杂多变的市场环境中，企业面临着各种各样的风险，包括安全风险、市场风险、财务风险等。安全管理通过系统的方法和工具，帮助企业识别和评估各种风险，制定有效的风险应对策略和措施，从而降低风险发生的概率和影响。这不仅有助于企业在风险面前保持稳健，还能够提升企业的决策水平和应变能力。

（六）构建安全文化

安全文化的建设是安全管理的重要目标之一。一个积极的安全文化能够深入人心，使每一位员工都意识到安全的重要性，并自觉遵守安全规章制度。通过加强安全宣传教育、开展安全培训、组织安全活动等措施，企业可以逐步营造出一种人人关注安全、人人参与安全的良好氛围。这种安全文化不仅能够提升员工的安全意识，还能够增强企业的凝聚力和向心力，为企业的长期发展奠定坚实的基础。

（七）实现社会责任

企业作为社会的一部分，承担着一定的社会责任。安全管理是企业履行社会责任的重要体现。通过加强安全管理，企业可以减少对环境的污染和对社会的负面影响，为社会的可持续发展做出贡献。同时，企业还可以通过参与社会公益活动、支持安全生产宣传等方式，积极回报社会，为此树立良好的企业形象。

综上所述，安全管理的核心目标包括保障员工生命安全、维护资产完整、保障生产过程稳定、促进企业可持续发展、提升组织整体风险管理能力、构建安全文化以及实现社会责任等多个方面。这些目标相互关联、相互促进，共同构成了安全管理工作的基本框架和指导思想。为了实现这些目标，企业需要不断加大安全管理力度，提高安全管理水平，确保企业的安全稳定和持续发展。同时，政府和社会各界也应给予企业更多的支持和帮助，共同推动安全管理工作的深入开展。

三、目标与重要性的关联分析

安全管理作为企业管理体系中的重要组成部分，其目标与重要性之间有着紧密的关联。明确安全管理目标不仅有助于指导安全管理工作的方向，还能凸显安全管理的重要性，从而推动企业在实践中更加重视和加强安全管理工作。本书将详细分析安全管理目标与重要性的关联，以进一步理解两者之间的相互关系。

（一）安全管理目标的设定与重要性认识

安全管理目标的设定是企业安全管理工作的起点，它基于企业对安全管理的需求和期望，旨在实现一系列具体的安全成果。这些目标通常包括减少事故发生率、提高员工安全意识、完善安全管理制度等。在设定这些目标的过程中，企业对安全管理的重要性有了更加深入的认识。

首先，减少事故发生率是安全管理的核心目标之一。事故的发生往往给企业带来巨大的人员伤亡和财产损失，严重影响企业的正常运营。因此，企业需要通过加强安全管理，采取一系列有效的措施来降低事故发生的可能性。这一目标的设定使企业深刻认识到安全管理对于保障员工生命安全、维护企业稳定运营的重要性。

　　其次，提高员工安全意识也是安全管理的重要目标。员工是企业安全管理的主体，他们的安全意识和行为直接关系到企业的安全状况。因此，企业需要通过安全培训、宣传教育等方式，提高员工的安全意识和自我保护能力。这一目标的设定使企业认识到员工在安全管理中的关键作用，从而更加重视员工的安全教育和培训。

　　最后，完善安全管理制度是保障安全管理目标实现的基础。企业需要建立健全的安全管理制度，明确安全责任、规范操作流程、加强监督检查等，以确保安全管理工作的有序进行。这一目标的设定使企业认识到制度建设在安全管理中的重要性，从而推动企业不断完善和优化安全管理制度。

（二）安全管理目标的实现与重要性体现

　　安全管理目标的实现过程是企业安全管理工作的实践过程，也是安全管理重要性得以体现的过程。通过实现安全管理目标，企业不仅能够降低安全风险、减少事故损失，还能提升企业的整体竞争力和社会形象，进一步凸显安全管理的重要性。

　　首先，实现安全管理目标有助于降低企业的安全风险。通过加强安全管理，企业能够及时发现和消除安全隐患，预防事故的发生。这不仅可以保障员工的生命安全，还可以减少企业的财产损失和运营风险。这种风险降低的实际效果使企业深刻认识到安全管理在保障企业安全稳定运营中的重要作用。

　　其次，实现安全管理目标有助于提升企业的整体竞争力。安全管理水平的提升不仅能够降低企业的运营成本，还能够提高员工的工作效率和企业的生产效率。这将使企业在市场竞争中更具优势，获得更多客户的信任和支持。这种竞争力的提升使企业更加重视安全管理工作，将其视为推动企业发展的重要因素。

　　最后，实现安全管理目标有助于提升企业的社会形象。一个注重安全管理、积极履行社会责任的企业往往能够获得社会的认可和尊重。这将有助于企业树立良好的品牌形象，吸引到更多的人才和资源。这种社会形象的提升不仅有助于企业的长期发展，还能够为企业带来更多的商业机会和合作伙伴。

（三）目标与重要性的相互促进关系

　　安全管理目标与重要性之间不仅存在关联，还相互促进。一方面，明确的安全管理目标能够推动企业对安全管理重要性的认识不断深化；另一方面，对安全管理重要性的深刻认识又能反过来促进安全管理目标的更好实现。

　　随着安全管理目标的不断实现，企业对安全管理的重要性会有更加直观和深刻的理解。这种理解将推动企业更加积极地投入安全管理工作，不断提升安全管理水平，进一步实现更高的安全管理目标。同时，随着企业对安全管理重要性认识的加深，企业将更加关注安全管理目标的设定和实现过程，确保目标与企业的实际需求和期望相符，从而推动安全管理工作的持续改进和优化。

综上所述，安全管理目标与重要性之间存在紧密的关联和相互促进关系。明确的安全管理目标有助于凸显安全管理的重要性，推动企业在实践中更加重视和加强安全管理工作；而对安全管理重要性的深刻认识又能反过来促进安全管理目标的更好实现。因此，企业在开展安全管理工作时，应充分认识到目标与重要性之间的关联，确保安全管理工作的有效性和针对性。同时，政府和社会各界也应加强对企业安全管理工作的支持和引导，共同推动安全管理工作的深入开展和持续改进。

第二节　施工安全管理体系的构建

一、安全管理体系的框架

安全管理体系是企业为确保安全生产和减少事故风险而建立的一套系统性、综合性的管理框架。它涵盖了组织、制度、技术、文化等多个层面，旨在通过科学的方法和手段，提高安全管理水平，保障员工生命安全和企业财产安全。下面将详细阐述安全管理框架。

（一）组织结构与职责划分

安全管理体系的首要任务是明确企业的安全管理组织结构和职责划分。企业应设立专门的安全管理机构，负责制定和执行安全管理政策，监督安全管理工作的落实。同时，企业还应明确各级管理人员和岗位员工的安全管理职责，确保责任到人，形成全员参与的安全管理格局。

（二）安全管理制度与规范

安全管理制度与规范是安全管理体系的核心内容。企业应制定一系列安全管理制度和规范，其包括安全生产责任制、安全操作规程、安全检查制度、应急预案等，以规范员工的行为和操作，确保生产过程的安全稳定。同时，企业还应定期对制度和规范进行修订和完善，以适应不断变化的安全生产环境。

（三）安全技术与管理手段

安全技术与管理手段是安全管理体系的重要支撑。企业应采用先进的安全技术和设备，提高生产过程的本质安全水平。同时，企业还应运用现代管理手段，如安全管理信息系统、风险评估技术等，对生产过程进行实时监控和预警，及时发现和处理安全隐患。

（四）安全文化建设与培训教育

安全文化建设与培训教育是安全管理体系的基础工作。企业应积极培育安全文化，营造全员关注安全、人人参与安全的良好氛围。同时，企业还应加强员工的安全培训和教育，提高员工的安全意识和技能水平，使员工能够自觉遵守安全规章制度，有效预防事故的发生。

（五）安全监管与考核评估

安全监管与考核评估是安全管理体系的重要保障。企业应建立健全的安全监管机制，加强对生产过程的监督检查，确保安全管理工作的有效实施。同时，企业还应定期对安全管理工作进行考核评估，及时发现问题和不足之外，制定改进措施，推动安全管理水平不断提升。

（六）应急管理与事故处理

应急管理与事故处理是安全管理体系的重要组成部分。企业应制定完善的应急预案，明确应急响应程序和处置措施，确保在突发事件发生时能够迅速、有效地进行应对。同时，企业还应加强事故处理和调查工作，分析事故原因，总结经验教训，防止类似事故的再次发生。

（七）持续改进与创新发展

持续改进与创新发展是安全管理体系的永恒主题。企业应不断总结安全管理经验，学习借鉴先进的安全管理理念和技术手段，推动安全管理工作的持续改进和创新发展。同时，企业还应积极参与行业交流和合作，共同推动安全管理体系的完善和提升。

综上所述，安全管理体系的框架包括组织结构与职责划分、安全管理制度与规范、安全技术与管理手段、安全文化建设与培训教育、安全监管与考核评估、应急管理与事故处理以及持续改进与创新发展等多个方面。这些方面之间相互关联、相互促进，共同构成了企业安全管理工作的整体框架。通过建立和完善安全管理体系，企业可以有效提升安全管理水平，保障员工生命安全和企业财产安全，实现可持续发展。

二、安全管理体系的要素

安全管理体系是企业为确保安全生产、预防事故并减少风险而构建的一套系统性、综合性的管理机制。这一体系涵盖了多个关键要素，每个要素都发挥着不可或缺的作用，共同维护着企业的安全稳定。下面将详细阐述安全管理体系的要素及其重要性。

（一）安全政策与目标

安全政策是企业安全管理体系的基石，它明确了企业对安全管理的态度和承诺，为全体员工树立了安全生产的行动指南。安全政策应强调以人为本、预防为主的原则，并注重持续改进和创新发展。同时，企业应设定明确的安全目标，包括事故率降低、员工安全意识提升等，以指导安全管理工作的具体开展。

（二）组织结构与职责

有效的安全管理需要明确的组织结构和职责划分。企业应设立专门的安全管理机构，负责安全管理工作的组织、协调和监督。各级管理人员和岗位员工应明确自己的安全职责，形成责任清晰、分工合理的管理格局。此外，企业还应建立跨部门的安全协作机制，确保各部门在安全管理方面形成合力。

（三）安全管理制度与规范

安全管理制度与规范是安全管理体系的重要组成部分，它为企业提供了安全管理的操作指南和行为准则。企业应制定一系列安全管理制度，如安全生产责任制、安全检查制度、应急预案等，以规范员工的行为和操作。此外，企业还应根据实际情况不断完善和更新制度，确保其适应性和有效性。

（四）安全培训与教育

安全培训与教育是提高员工安全意识和技能水平的重要途径。企业应定期开展安全培训活动，包括安全知识普及、安全操作规程讲解、应急演练等，使员工掌握必要的安全技能和应对突发事件的能力。此外，企业还应加强新员工的安全入职培训，确保他们能够快速融入企业的安全管理体系。

（五）安全风险评估与管理

安全风险评估与管理是企业预防事故、降低风险的重要手段。企业应定期开展安全风险评估工作，识别生产过程中的潜在危险源和安全隐患，并制定相应的风险控制措施。此外，企业还应建立风险监控机制，对风险进行实时监控和预警，确保风险在可控范围内。

（六）安全监督与检查

安全监督与检查是确保安全管理体系有效运行的关键环节。企业应设立专门的安全监督机构或人员，负责对安全管理工作的执行情况进行监督和检查。通过定期和不定期的安全检查，企业可以及时发现和处理安全隐患，防止事故的发生。此外，企业还应建立安全奖惩机制，对安全管理工作表现突出的个人和团队进行表彰和奖励，对安全管理不力的情况进行惩罚和整改。

（七）事故应急管理与处置

事故应急管理与处置是企业应对突发事件、减少事故损失的重要措施。企业应制定完善的应急预案，明确应急响应程序和处置措施，确保在事故发生时能够迅速、有效地进行应对。此外，企业还应加强应急演练和培训，提高员工的应急处理能力和自救互救能力。在事故发生后，企业还应及时开展事故调查和原因分析，总结经验教训，防止类似事故的再次发生。

（八）安全文化建设

安全文化是安全管理体系的灵魂，它体现了企业对安全管理的重视和承诺。企业应积极培育安全文化，营造全员关注安全、人人参与安全的良好氛围。通过安全文化的建设，企业可以提高员工的安全意识和责任感，使他们自觉遵守安全规章制度，共同维护企业的安全生产。

综上所述，安全管理体系的要素包括安全政策与目标、组织结构与职责、安全管理制度与规范、安全培训与教育、安全风险评估与管理、安全监督与检查、事故应急管理与处置以及安全文化建设等多个方面。这些要素之间相互关联、相互支持，共同构成了企业安全管理体系的完整框架。通过加强这些要素的建设和管理，企业可以有效提升安全管理水平，预防事故的发生，保障员工的生命安全和企业的稳定发展。

三、体系的构建与实施步骤

安全管理体系的构建与实施是企业确保安全生产、预防事故风险、保障员工生命安全和企业财产安全的重要工作。一个完善的安全管理体系不仅有助于规范企业的安全管理行为，提高安全管理水平，还能为企业的可持续发展提供坚实的保障。下面将详细阐述安全管理体系的构建与实施步骤。

（一）构建安全管理体系的步骤

1. 确立安全管理目标与政策

企业首先需明确安全管理目标，这包括降低事故发生率、提高员工安全意识、优化安全管理流程等。在此基础上，制定详细的安全政策，明确企业对安全管理的态度和承诺，确保全体员工对安全管理目标有清晰的认识。

2. 分析企业安全风险

通过对企业生产过程中的各个环节进行深入分析，识别潜在的安全风险，并评估其可能带来的损失。这有助于企业针对性地制定安全管理措施，确保资源的合理分配。

3. 设计安全管理制度与流程

根据安全风险分析结果，设计符合企业实际的安全管理制度和流程。这包括安全生产责任制、安全检查制度、应急预案等，确保各项安全管理工作有章可循、有据可查。

4. 建立安全管理组织

设立专门的安全管理机构，明确各级管理人员和岗位员工的安全职责。同时，建立跨部门的安全协作机制，确保各部门在安全管理方面形成合力。

5. 制订安全培训计划

根据员工的安全意识和技能水平，制订针对性的安全培训计划。通过定期的安全培训和教育活动，提高员工的安全意识和操作技能，降低事故发生的可能性。

（二）实施安全管理体系的步骤

1. 宣传推广安全管理体系

通过内部会议、宣传栏、企业网站等途径，向全体员工宣传安全管理体系的重要性及其对企业发展的意义。确保员工对安全管理体系有充分的认识和理解，容易形成全员参与安全管理的良好氛围。

2. 开展安全培训与教育

按照制订的安全培训计划，组织员工参加安全培训和教育活动。通过培训，使员工掌握必要的安全知识和技能，提高应对突发事件的能力。

3. 落实安全管理制度与流程

将设计好的安全管理制度和流程落实到实际工作中，确保各项安全管理工作有序进行。同时，建立安全管理档案，记录安全管理工作的执行情况，为持续改进提供依据。

4. 加强安全监督与检查

设立专门的安全监督机构或人员，对安全管理工作的执行情况进行监督和检查。通过定期和不定期的安全检查，及时发现和处理安全隐患，确保安全管理工作的有效性。

5. 实施安全风险管理与控制

根据安全风险分析结果，实施针对性的风险管理和控制措施。通过加强现场安全管理、完善安全设施、提高员工操作技能等方式，降低安全风险，预防事故的发生。

6. 开展应急演练与处置

定期组织应急演练活动，检验应急预案的可行性和有效性。在演练过程中，及时发现和纠正存在的问题和不足，提高员工应对突发事件的能力。同时，加强对应急资源的储备和管理，确保在事故发生时能够迅速、有效地进行处置。

（三）持续改进与优化安全管理体系

安全管理体系的构建与实施是一个持续的过程，需要不断进行改进和优化。企业应定期对安全管理体系进行评估和审查，发现存在的问题和不足，制定改进措施并予以实施。同时，积极借鉴先进的安全管理理念和技术手段，推动安全管理体系的不断完善和提升。

此外，企业还应加强与其他企业或组织的交流与合作，共同分享安全管理经验和成果，推动整个行业安全管理水平的提升。

综上所述，安全管理体系的构建与实施是一个系统性、综合性的工作，需要企业从多个方面入手，逐步推进。通过构建和实施完善的安全管理体系，企业可以有效提升安全管理水平，预防事故发生，保障员工的生命安全和企业的稳定发展。同时，这也是企业履行社会责任、树立良好形象的重要途径。因此，企业应高度重视安全管理体系的构建与实施工作，确保其有效运行并持续改进。

第三节　施工安全风险的识别与评估

一、风险识别的基本方法

风险识别是企业安全管理中至关重要的一环节，它涉及对企业运营过程中可能遇到的潜在危险和不利因素进行系统的识别和分析。通过风险识别，企业可以及时发现并应对可能对其造成损失的风险因素，从而保障企业的正常运营和持续发展。以下将详细阐述风险识别的基本方法，包括风险清单法、现场调查法、财务报表分析法、流程图分析法、因果分析法、德尔菲法、头脑风暴法、情景分析法以及故障树分析法等。

（一）风险清单法

风险清单法是一种常用的风险识别方法，它通过列举可能面临的风险因素，形成风险清单，并对清单中的每一项风险进行描述和分析。这种方法简单明了，适用于各类企业。在制定风险清单时，需要充分考虑企业的实际情况和业务流程，确保清单的完整性和准确性。此外，企业还需要定期对风险清单进行更新和审查，以应对新的风险因素的出现。

（二）现场调查法

现场调查法是通过实地观察、询问和测试等方式，直接获取企业运营过程中的风险信息。这种方法能够深入了解企业的实际运作情况，发现潜在的风险因素。在进行现场调查时，需要制订详细的调查计划，明确调查的目标和范围，确保调查的全面性和有效性。此外，调查人员还需要具备专业的知识和技能，以便准确识别和分析风险因素。

（三）财务报表分析法

财务报表分析法是通过分析企业的财务报表，如资产负债表、利润表和现金流量表等，来识别财务风险。这种方法可以揭示企业的财务状况和经营成果，从而发现可能存在的风险点。在分析财务报表时，需要关注各项财务指标的变化趋势和异常情况，以及与其他企业的比较结果，从而判断企业是否存在财务风险。

（四）流程图分析法

流程图分析法是通过绘制企业的业务流程图，分析各个环节可能存在的风险因素。这种方法能够直观地展示企业的业务流程和风险分布，有助于发现潜在的风险点。在绘制流程图时，需要详细描述每个环节的输入、处理和输出，以及各个环节之间的关联和依赖关系。通过流程图的分析，企业可以识别出关键的风险环节，并制定相应的风险控制措施。

（五）因果分析法

因果分析法是通过分析风险事件与其原因之间的因果关系，来识别潜在的风险因素。这种方法有助于深入理解风险事件的本质和根源，从而找到有效的风险控制措施。在进行因果分析时，需要运用逻辑推理和统计分析等方法，识别出风险事件的主要原因和次要原因，以及它们之间的相互作用和影响。

（六）德尔菲法

德尔菲法是通过匿名的方式向专家发送问卷，收集他们对风险因素的看法和意见，并进行汇总和分析。这种方法能够充分利用专家的专业知识和经验，提高风险识别的准确性和可靠性。在使用德尔菲法时，需要选择合适的专家团队，确保他们的专业性和代表性。此外，还需要对收集到的意见进行客观分析和处理，避免主观个人偏见的影响。

（七）头脑风暴法

头脑风暴法是一种集体讨论的方法，通过鼓励参与者自由发表意见和想法，激发创新思维和灵感，从而识别潜在的风险因素。这种方法能够充分利用集体智慧，发现可能被忽视的风险点。在进行头脑风暴时，需要营造宽松、自由的讨论氛围，鼓励参与者积极发言和提出新观点。此外，还需要对讨论结果进行整理和筛选，提炼出有价值的风险信息。

（八）情景分析法

情景分析法是通过设定不同的未来情景，分析这些情景下企业可能面临的风险和挑战。这种方法能够帮助企业预测未来可能出现的风险情况，并制定相应的应对策略。在设定情景时，需要考虑各种可能的变化因素和影响因素，以及它们之间的相互作用和影响。通过情景分析，企业可以更好地了解未来的风险环境，提高风险应对能力。

（九）故障树分析法

故障树分析法是一种通过逻辑推理来识别和分析风险的方法。它从一个可能的风险事件出发，通过逐层分解和推理，找出导致该事件发生的所有可能原因。这种方法能够系统地揭示风险的来源和路径，有助于企业制定针对性的风险控制措施。在进行故障树分析时，需要明确分析的目标和范围，选择合适的分析工具和方法，并对分析结果进行客观评估和处理。

综上所述，风险识别的基本方法多种多样，每种方法都有其特点和适用范围。企业在实际运用中应根据自身的实际情况和需求选择合适的方法进行风险识别。同时，还需要注意综合运用多种方法，相互补充和验证，以提高风险识别的准确性和有效性。此外，随着企业运营环境的变化和新技术的发展，风险识别方法也需要不断更新和完善，以适应新的挑战和需求。

二、风险评估的指标体系

风险评估是企业安全管理中的重要环节，它通过对各种潜在风险进行定量或定性的评估，帮助企业了解自身面临的风险状况，为制定风险应对措施提供科学依据。一个完善的风险评估指标体系不仅能够全面反映企业的风险状况，还能为企业的风险管理提供有效的指导。下面将详细阐述风险评估的指标体系构建与应用。

（一）风险评估指标体系构建原则

在构建风险评估指标体系时，应遵循以下原则。

系统性原则。指标体系应全面反映企业面临的各种风险，包括内部风险和外部风险，确保评估结果的全面性和准确性。

科学性原则。指标的选择和权重分配应基于科学的方法和理论，避免个人主观臆断和偏见，确保评估结果的客观性和可靠性。

可操作性原则。指标应具有明确的定义和计算方法，便于数据的收集和处理，确保评估工作的可操作性和效率。

动态性原则。指标体系应能够适应企业内外部环境的变化，及时调整和优化，确保评估结果的时效性和针对性。

（二）风险评估指标体系构成

风险评估指标体系通常包括以下几个方面的指标。

（1）战略风险指标：反映企业在战略制定和实施过程中可能面临的风险，如市场竞争、技术变革、政策调整等。这些指标可以帮助企业了解外部环境的变化对企业战略的影响。

（2）财务风险指标：反映企业在财务管理和资金运作方面可能存在的风险，如资产负债率、流动比率、应收账款周转率等。这些指标可以揭示企业的财务健康状况和潜在风险。

（3）运营风险指标：反映企业在生产运营过程中可能遇到的风险，如生产安全、产品质量、供应链管理等。这些指标可以帮助企业识别并控制运营过程中的潜在风险。

（4）法律风险指标：反映企业在法律合规方面可能存在的风险，如合同违约、知识产权侵权、法律诉讼等。这些指标可以提醒企业加强法律风险防范和应对。

（5）声誉风险指标：反映企业在社会公众心目中的形象和声誉可能受到的影响，如舆情监控、品牌价值等。这些指标可以帮助企业及时发现并应对声誉危机。

（三）风险评估指标体系应用

风险评估指标体系的应用包括以下几个步骤。

（1）数据收集：根据指标体系的要求，收集相关的数据和信息，确保数据的准确性和完整性。

（2）指标计算：根据指标的定义和计算方法，对数据进行处理和分析，计算出各个指标的值。

（3）风险评估：根据计算出的指标值，运用适当的风险评估方法（如矩阵法、概率和影响矩阵法等），对企业面临的风险进行定量或定性的评估。

（4）结果分析：对评估结果进行深入分析，识别出主要风险点和潜在风险，为制定风险应对措施提供依据。

（5）应对措施制定：根据风险评估结果，制定相应的风险应对措施，包括风险规避、风险降低、风险转移和风险承受等策略。

（四）风险评估指标体系优化与调整

随着企业内外部环境的变化和风险管理工作的深入开展，风险评估指标体系需要不断优化和调整。具体而言，可以从以下几个方面进行改进。

（1）指标更新：根据企业实际情况和风险管理需求，及时更新和调整指标体系中的指标，确保指标体系的时效性和针对性。

（2）权重调整：根据指标的重要性和影响程度，适时调整指标的权重分配，使评估结果更加符合实际情况。

（3）方法改进：不断探索和尝试新的风险评估方法和技术，提高评估的准确性和可靠性。

（4）反馈机制建立：建立风险评估结果的反馈机制，及时将评估结果反馈给相关部门和人员，促进风险管理工作的持续改进。

总之，风险评估指标体系是企业风险管理的重要组成部分，它的构建与应用对于提高企业风险应对能力、保障企业稳健发展具有重要意义。因此，企业应高度重视风险评估指标体系的构建工作，不断完善和优化指标体系，以适应日益复杂多变的市场环境。

三、识别与评估的实践应用

在企业日常运营中，风险识别与评估是不可或缺的环节。它们不仅有助于企业及时发现潜在风险，还能为制定有效的风险应对措施提供科学依据。本书将结合实践案例，详细阐述风险识别与评估的实践应用，以期为企业风险管理提供有益的参考。

（一）风险识别的实践应用

风险识别是企业风险管理的第一步，其目的是发现潜在的风险因素。在实践中，企业可以采用多种方法进行风险识别，如风险清单法、现场调查法、流程图分析法等。

以某制造企业为例，该企业在进行风险识别时，首先采用了风险清单法。通过梳理企业的业务流程和运营环节，列出可能面临的风险因素，如市场风险、生产风险、财务风险等。其次针对每个风险因素，进行详细描述和分析，明确其可能的影响范围和发生概率。

除了风险清单法，该企业还结合了现场调查法进行风险识别。通过实地走访生产现场、与一线员工交流等方式，深入了解企业的实际运营情况，发现了一些在风险清单中未涉及的风险因素，如设备老化、员工安全意识不足等。

此外，流程图分析法也是该企业在进行风险识别时采用的有效方法。通过绘制企业的业务流程图，分析各个环节可能存在的风险点，发现了供应链管理、质量控制等方面的潜在风险。

通过综合运用多种风险识别方法，该企业成功地识别出了多个潜在风险因素，为后续的风险评估提供了基础数据。

（二）风险评估的实践应用

风险评估是在风险识别的基础上，对潜在风险进行定量或定性的评价，以确定其对企业的影响程度和优先级。实践中，企业可以采用定性评估、定量评估或综合评估等方法进行风险评估。

以某金融机构为例，该机构在进行风险评估时，首先采用了定性评估方法。通过专家打分、小组讨论等方式，对识别出的风险因素进行初步评价，确定其重要性和影响程度。其次结合企业的实际情况和风险承受能力，制定了相应的风险应对策略。

为了更准确地评估风险，该金融机构还采用了定量评估方法。通过收集历史数据、建立风险模型等方式，对风险因素进行量化分析，计算出风险发生的概率和可能造成的损失。这为企业制定具体的风险控制措施提供了科学依据。

此外，综合评估方法也是该金融机构在进行风险评估时采用的有效手段。通过综合考虑定性评估和定量评估的结果，对风险因素进行全面、客观评价，确定了风险管理的优先级和重点。

通过风险评估的实践应用，该金融机构不仅了解了自身面临的风险状况，还为制定有效的风险应对措施提供了有力支持。

（三）风险识别与评估的实践意义

风险识别与评估的实践应用对企业具有重要意义。首先，它们有助于企业及时发现潜在风险，避免风险事件的发生或减轻其对企业的影响。通过风险识别，企业可以全面了解自身面临的风险因素，为制定风险应对措施提供依据；通过风险评估，企业可以对风险进行定量或定性的评价，确定其对企业的影响程度和优先级，从而针对性地制定风险控制措施。

其次，风险识别与评估的实践应用有助于提高企业风险管理的效率和效果。通过采用科学的方法和工具进行风险识别与评估，企业可以更加准确地把握风险状况，避免盲目决策和浪费资源。同时，风险识别与评估还可以帮助企业建立完善的风险管理体系，提高风险管理的系统性和规范性。

最后，风险识别与评估的实践应用有助于提升企业的竞争力和可持续发展能力。通过对风险的有效管理和控制，企业可以保障业务的稳健运行和持续发展，增强市场信心和品牌形象。同时，风险识别与评估还可以帮助企业发现新的机遇和增长点，为企业的创新发展提供有力支持。

（四）风险识别与评估的实践挑战与对策

尽管风险识别与评估的实践应用具有重要意义，但在实际操作中也面临着一些挑战。例如，数据收集不全或不准确可能导致风险评估结果失真；评估方法的选择和应用也可能受到个人主观因素的影响；此外，随着企业内外部环境的变化，风险识别与评估需要不断更新和调整。

为了应对这些挑战，企业可以采取以下对策：一是加强数据收集和管理，确保数据的准确性和完整性；二是选择合适的评估方法，并结合实际情况进行灵活运用；三是建立定期的风险识别与评估机制，及时跟踪和应对风险变化；四是加强风险管理的培训和宣传，提高全员的风险意识和应对能力。

综上所述，风险识别与评估的实践应用对于企业的风险管理至关重要。通过综合运用多种方法和工具进行风险识别与评估，企业可以及时发现潜在风险并制定有效的应对措施，保障企业的稳健发展和持续竞争力。同时，企业还需要不断应对实践中的挑战，不断完善和优化风险识别与评估工作。

第四节　施工安全控制措施与方法

一、安全控制的具体方法

安全控制是组织或企业在其运营过程中，为了保障人员、财产及信息安全，而采用一系列的管理和技术手段，预防和减少各类安全事故的发生。随着社会的不断发展，安全控制的重要性日益凸显，其方法也日趋丰富和多样化。本书将详细探讨安全控制的具体方法，以期为读者提供全面的安全控制策略参考。

（一）安全管理制度的建立与完善

安全管理制度是安全控制的基础，它规定了组织或企业在安全管理方面的职责、权限、程序和要求。建立完善的安全管理制度，可以确保安全工作的有序开展。

首先，要明确安全管理的目标和原则，确保安全工作的方向性和指导性。其次，要制定详细的安全管理规章制度，包括安全操作规程、应急预案、安全教育培训等，为安全工作提供具体的操作依据。此外，还要建立安全管理责任体系，明确各级管理人员的安全职责，确保安全工作的有效执行。

（二）物理安全控制措施

物理安全控制措施主要针对的是实体设施、设备和环境的安全保护。这包括门禁系统、监控设备、防火防盗设施等。

首先，要加强门禁管理，通过设置门禁系统、刷卡进出等方式，控制人员进出权限，防止未经授权的人员进入重要区域。其次，要安装监控设备，对重要区域进行实时监控，及时发现并处理异常情况。此外，还要完善防火防盗设施，如安装烟雾报警器、设置消防器材、加强门窗防护等，提高设施和设备的安全防护能力。

（三）信息安全控制措施

随着信息技术的广泛应用，信息安全控制成为安全控制的重要组成部分。信息安全控制措施主要包括数据加密、访问控制、网络安全防护等。

首先，要对敏感数据进行加密处理，确保数据在传输和存储过程中的安全性。其次，要实施严格的访问控制策略，通过身份验证、权限管理等方式，控制用户对信息的访问权限。此外，还要加强网络安全防护，包括设置防火墙、定期更新病毒库、进行安全漏洞扫描等，以提高网络系统的安全防护能力。

（四）人员安全教育与培训

人员安全教育与培训是安全控制的重要环节，它能够提高员工的安全意识和安全技能，降低安全事故的发生概率。

首先，要定期开展安全教育培训活动，包括安全知识讲座、安全操作技能培训等，提高员工安全素质。其次，要建立健全的安全考核机制，对员工的安全工作进行考核和评价，激励员工积极参与安全工作。此外，还要加强安全文化建设，通过宣传安全理念、树立安全榜样等方式，营造全员参与安全工作的良好氛围。

（五）安全风险评估与隐患排查

安全风险评估与隐患排查是预防安全事故发生的重要手段。通过定期对组织或企业的安全状况进行评估和排查，可以及时发现并处理潜在的安全风险。

首先，要制定科学的安全风险评估标准和方法，对组织或企业的安全状况进行全面评估。其次，要建立健全的隐患排查机制，定期对设施、设备、环境等进行检查，发现并及时处理存在的安全隐患。此外，还要加强安全信息收集和分析工作，及时掌握安全动态和趋势，为安全决策提供有力支持。

（六）应急管理与响应

应急管理与响应是安全控制的重要组成部分，它能够在安全事故发生后迅速启动应急预案，组织救援和处置工作，最大限度地减少事故损失。

首先，要制定完善的应急预案体系，包括总体预案、专项预案和现场处置方案等，确保在事故发生时能够迅速启动相应的预案。其次，要加强应急队伍建设和管理，提高应急人员的专业素质和应对能力。此外，还要定期组织应急演练活动，检验应急预案的可行性和有效性，提高组织的应急响应能力。

综上所述，安全控制的具体方法涵盖了安全管理制度的建立与完善、物理安全控制措施、信息安全控制措施、人员安全教育与培训、安全风险评估与隐患排查以及应急管理与响应等多个方面。在实际应用中，应根据组织或企业的特点和需求，综合运用这些方法，最终形成一套完整的安全控制体系，确保安全工作的全面性和有效性。同时，还应不断关注新技术和新方法的发展，及时更新和完善安全控制策略，以适应不断变化的安全环境。

二、安全控制手段的创新与应用

随着科技的不断进步和社会环境的快速变化，早期传统的安全控制手段已经难以应对日益复杂的安全挑战。因此，安全控制手段的创新与应用显得尤为重要。本书将探讨安全控制手段的创新方向，并深入分析其在实际应用中的效果与挑战。

（一）安全控制手段的创新方向

1. 智能化安全控制

随着人工智能、大数据等技术的快速发展，智能化安全控制成为创新的重要方向。通过运用机器学习算法和数据分析技术，可以实现对安全风险的自动识别、预警和处置，提高安全控制的效率和准确性。

2. 物联网安全控制

物联网技术的广泛应用使设备之间的连接更加紧密，但也带来了新的安全挑战。因此，创新物联网安全控制手段，如加密通信、访问控制等，对于保障物联网系统的安全至关重要。

3. 云计算安全控制

云计算作为一种新型的计算模式，为数据存储和处理提供了极大的便利。然而，云计算环境也面临着诸多安全威胁。因此，创新云计算安全控制手段，如数据加密、安全审计等，是确保云计算服务安全的重要保障。

（二）安全控制手段的创新应用

1. 智能化安全监控系统的应用

智能化安全监控系统通过集成视频监控、人脸识别、行为分析等技术，实现对目标区域的实时监控和智能分析。这种系统可以自动识别异常行为，及时发出预警，为安全管理人员提供有力支持。

2. 物联网安全解决方案的实施

针对物联网系统的安全需求，可以开发专门的安全解决方案，包括设备认证、数据加密、安全协议等。这些解决方案可以有效防范物联网系统的安全风险，保障设备的安全稳定运行。

3. 云计算安全服务的推广

云计算安全服务可以为用户提供数据安全保护、访问控制、安全审计等功能。通过推广云计算安全服务，可以帮助用户更好地管理和保护自己的数据资产，降低安全风险。

（三）安全控制手段创新应用的效果与挑战

1. 效果分析

（1）提高安全控制效率：智能化安全控制手段能够自动识别和处置安全风险，这大大减少了人工干预的需要，提高了安全控制效率。

（2）增强安全防护能力：物联网和云计算安全控制手段的应用，使设备和系统之间的连接更加安全可靠，有效防范了外部攻击和数据泄露等安全威胁。

（3）提升用户体验：安全控制手段的创新应用，如智能化安全监控系统的实时预警功能，可以为用户提供更好的安全保障，提升用户的使用体验。

2.挑战分析

（1）技术成熟度问题：部分创新的安全控制手段仍处于研发阶段，技术成熟度不够，可能存在一定漏洞和风险。

（2）成本问题：创新的安全控制手段往往需要投入大量的研发成本和技术支持，对于一些中小企业而言，可能难以承担。

（3）隐私保护问题：智能化安全控制手段在处理大量数据时，可能涉及用户的隐私信息。如何在保障安全的同时保护用户隐私，是一个需要解决的重要问题。

（四）安全控制手段创新应用的未来发展

1.技术融合与集成

未来，安全控制手段的创新将更加注重技术的融合与集成。通过将不同领域的先进技术相结合，可以形成更加强大和高效的安全控制体系。

2.个性化安全服务

随着用户对安全需求的不断升级，未来安全控制手段将更加注重个性化服务。根据不同用户的需求和场景，来提供定制化的安全解决方案，以提高用户的安全满意度。

3.持续安全监测与评估

安全控制手段的创新应用还需要关注持续的安全监测与评估。通过对安全状况的实时监控和定期评估，可以及时发现并处理潜在的安全风险，确保系统的长期稳定运行。

综上所述，安全控制手段的创新与应用是应对日益复杂的安全挑战的重要途径。通过智能化、物联网和云计算等技术的创新应用，可以提高安全控制的效率和准确性，增强安全防护能力。然而，在应用过程中也需要注意技术成熟度、成本和隐私保护等问题，并不断探索未来的发展方向。

第五节　施工安全事故的应急处理与预防

一、事故应急处理机制

事故应急处理机制是指在突发事故发生时，为了保障人员安全、减少财产损失、恢复正常秩序而建立的一套快速、有效地应对措施和流程。随着社会经济的不断发展和各类风险的增加，事故应急处理机制的重要性日益凸显。本书将从机制建设、流程设计、技术应用等方面，详细阐述事故应急处理机制的相关内容。

（一）事故应急处理机制建设的必要性

事故应急处理机制的建设是现代社会安全管理的必然要求。一方面，各类事故频发，给人们的生命财产安全带来了严重威胁；另一方面，社会对事故应急处理的要求越来越高，要求能够在最短时间内迅速响应、有效处置。因此，建立一套科学、高效的事故应急处理机制，对于提高社会整体安全水平、保障人民群众生命财产安全具有重要意义。

（二）事故应急处理机制的基本框架

事故应急处理机制的基本框架包括预防预警、应急响应、救援处置、善后恢复四个环节。

1. 预防预警

预防预警是事故应急处理机制的第一道防线。通过加强安全宣传教育、提高安全意识、完善安全管理制度等措施，来预防事故的发生。同时，建立事故预警系统，及时收集、分析各类安全信息，发现潜在的安全隐患，应提前采取应对措施，防止事故的发生或扩大。

2. 应急响应

在事故发生后，应急响应是迅速控制事态发展的关键。应急响应包括启动应急预案、成立应急指挥部、组织救援力量等步骤。通过快速响应，及时调动各种资源，确保救援行动的迅速展开。

3. 救援处置

救援处置是事故应急处理机制的核心环节。在救援处置过程中，需要根据事故的性质和规模，制定详细的救援方案，组织专业人员进行现场救援。同时，要加强现场安全管理，确保救援人员的安全。

4. 善后恢复

善后恢复是事故应急处理机制的收尾工作。在事故得到控制后，要及时开展善后工作，包括清理现场、恢复设施、安置受灾人员等。同时，要对事故原因进行深入调查，总结经验教训，完善预防措施，防止类似事故的再次发生。

（三）事故应急处理机制的关键要素

1. 应急预案的制定

应急预案是事故应急处理机制的基础。制定应急预案时，要充分考虑各类事故的可能性和风险程度，明确应急响应的流程和措施。同时，预案要具有可操作性和灵活性，能够根据实际情况进行调整和完善。

2. 应急资源的保障

应急资源的保障是事故应急处理机制的重要保障。它包括救援设备、物资、人员等方面的保障。要确保在事故发生时，能够及时调动各种资源，为救援行动提供有力支持。

3. 信息沟通与协调

信息沟通与协调是事故应急处理机制的重要环节。在应急处理过程中，要加强各部门之间的沟通与协作，确保信息的及时传递和资源的有效整合。同时，要与媒体和社会公众保持良好的沟通，及时发布事故信息和救援进展，稳定社会情绪。

（四）事故应急处理机制的技术应用

随着科技的发展，越来越多的先进技术被应用于事故应急处理机制中。例如，利用大数据和人工智能技术，可以对安全信息进行实时分析和预警；利用无人机和机器人技术，可以在危险环境下进行救援作业；利用物联网技术，可以实现对安全设施的实时监控和管理等。这些技术的应用，大大提高了事故应急处理的效率和准确性。

（五）事故应急处理机制的优化与改进

虽然事故应急处理机制在保障社会安全方面发挥了重要作用，但仍存在一些问题和不足。因此，需要不断优化和改进事故应急处理机制。一方面，要加强对应急预案的定期演练和评估，提高预案的实用性和有效性；另一方面，要加大对事故应急处理技术的研发和推广力度，提高应急处理的科技含量和智能化水平。

事故应急处理机制是现代社会安全管理的重要组成部分，对于保障人民群众生命财产安全具有重要意义。通过加强机制建设、完善流程设计、应用先进技术等措施，可以不断提高事故应急处理的能力和水平，为社会的和谐稳定提供有力保障。同时，我们也要认识到，事故应急处理机制的建设是一个长期而复杂的过程，需要全社会的共同努力和持续投入。

未来发展中，我们还应注重以下几点。一是加强事故应急处理机制的法律法规建设，为机制的顺利实施提供法律保障；二是推动事故应急处理机制的国际交流与合作，借鉴国际先进经验，提升我国事故应急处理水平；三是加强公众安全教育，提高全社会的安全意识和应急处理能力，形成全民参与的安全防范体系。

综上所述，事故应急处理机制的建设与发展是一项长期而艰巨的任务。我们要以高度的责任感和使命感，不断完善和优化事故应急处理机制，为构建安全、和谐、稳定的社会环境做出积极贡献。

二、事故预防措施的制定

随着社会的不断发展和进步，人们对于安全问题的重视程度逐渐提升。事故的发生不仅会造成人员伤亡和财产损失，还会对社会稳定和发展带来不良影响。因此，制定有效的事故预防措施显得尤为重要。本书将从事故预防措施的制定背景、原则、内容以及实施与评估等方面展开详细论述。

（一）事故预防措施的制定背景

近年来，各类事故频发，给人们的生命财产安全带来了严重威胁。这些事故的发生往往与人为因素、设备故障、管理漏洞等多种原因有关。为了降低事故发生的概率，减少事故带来的损失，制定一套科学、合理的事故预防措施显得尤为重要。

（二）事故预防措施制定的原则

（1）预防为主，防治结合：事故预防措施的制定应坚持以预防为主，通过消除事故隐患、加强安全管理等手段，降低事故发生的可能性。同时，也要注重防治结合，即在事故发生后及时采取措施，防止事故扩大和减少损失。

（2）科学性与实用性相结合：事故预防措施的制定应基于科学理论和实践经验，确保措施的有效性和可操作性。同时，也要考虑实际情况，确保措施能够落地生根，发挥实效。

（3）系统性与针对性相结合：事故预防措施的制定应考虑到整个系统的安全性和稳定性，从全局出发，构建完善的安全管理体系。同时，也要针对特定的事故类型和风险点，制定具有针对性的预防措施。

（三）事故预防措施制定的内容

（1）安全教育培训：加强员工的安全教育培训，提高员工的安全意识和操作技能。通过定期举办安全知识讲座、应急演练等活动，使员工掌握基本的安全知识和应急技能。

（2）设备检查与维护：定期对设备进行检查和维护，确保设备的正常运行和安全性能。建立设备档案，记录设备的运行状况、维修记录等信息，以便及时发现和处理潜在的安全隐患。

（3）安全管理制度建设：建立健全的安全管理制度，明确各级人员的安全职责和权限。制定详细的安全操作规程和应急预案，确保员工在操作过程中能够遵循规定，有效应对突发情况。

（4）风险识别与评估：定期开展风险识别和评估工作，识别潜在的安全风险和事故隐患。对识别出的风险进行分类和评估，确定风险等级和优先级，为制定预防措施提供依据。

（5）应急救援能力建设：加强应急救援能力建设，提高应对突发事故的能力。建立专业的应急救援队伍，配备必要的救援设备和器材。制定应急救援预案，定期进行演练和评估，确保在事故发生时能够迅速、有效地进行救援。

（四）事故预防措施的实施与评估

（1）实施计划制定：根据制定的预防措施，制订详细的实施计划，明确各项措施的实施时间、责任人和具体步骤。确保各项措施能够按照计划有序推进。

（2）监督与检查：建立监督机制，对预防措施的实施情况进行定期检查和评估。对发现的问题和不足及时进行整改和改进，确保预防措施的有效性和可持续性。

（3）效果评估与反馈：对预防措施的实施效果进行定期评估，分析预防措施的成效和不足。根据评估结果，对预防措施进行调整和优化，形成持续改进的良性循环。

（五）事故预防措施的创新与发展

随着科技的进步和社会的发展，事故预防措施的制定也需要不断创新和发展。未来，我们可以借助大数据、人工智能等先进技术，对事故数据进行深度挖掘和分析，以发现潜在的安全风险和事故规律。同时，也可以探索新的安全管理模式和方法，提高安全管理的效率和水平。

此外，加强国际交流与合作也是推动事故预防措施创新发展的重要途径。通过借鉴国际先进经验和技术手段，结合我国的实际情况，制定出更加科学、有效的事故预防措施。

制定有效的事故预防措施是保障人民生命财产安全、维护社会稳定和发展的重要举措。在制定预防措施时，我们应坚持预防为主、防治结合的原则，注重科学性与实用性的结合，同时考虑系统性与针对性的要求。通过加强安全教育培训、设备检查与维护、安全管理制度建设、风险识别与评估以及应急救援能力建设等措施的实施，我们可以有效降低事故发生的概率和减少事故带来的损失。同时，我们也应不断推动事故预防措施的创新与发展，以适应不断变化的安全形势和需求。

总之，事故预防措施的制定是一项长期而艰巨的任务。需要我们全社会的共同努力和持续投入，不断完善和优化预防措施，为构建安全、和谐、稳定的社会环境做出积极贡献。

第七章 建筑市政工程施工环境管理

第一节 施工环境管理的概念与目标

一、环境管理的核心概念

环境管理作为现代社会发展的重要组成部分，旨在协调人类活动与自然环境的关系，确保可持续发展。其核心概念涵盖了多个方面，包括环境规划、环境影响评价、环境监测、环境法规、环境教育以及绿色经济等。这些概念不仅相互关联，而且共同构成了环境管理的理论体系和实践框架。

（一）环境规划

环境规划是环境管理的首要任务，它涉及对未来环境状况的预测和规划，以确保人类活动的环境影响最小化。环境规划要求对环境容量、资源承载能力、生态系统稳定性等因素进行全面评估，从而制定出符合可持续发展要求的环境保护策略。这包括制定环境保护目标、划定生态保护红线、优化产业结构、推广清洁能源等措施。通过环境规划，可以引导人类活动朝着更加环保、高效的方向发展，实现经济、社会和环境的协调发展。

（二）环境影响评价

环境影响评价是环境管理的重要手段，旨在对人类活动可能对环境造成的影响进行科学评估。通过收集和分析相关数据，环境影响评价可以预测项目或政策实施后可能产生的环境后果，包括空气污染、水污染、生态破坏等。评价结果可为决策者提供科学依据，帮助他们制定出更加合理、可行的环境保护措施。同时，环境影响评价还可以提高公众对环境保护的认识和参与度，促进环境保护工作的深入开展。

（三）环境监测

环境监测是环境管理的基础工作，通过对环境质量、污染源排放等数据的实时监测和数据分析，可以及时发现环境问题并采取相应的应对措施。环境监测涉及大气、水、土壤等多个领域，要求使用先进的监测技术和设备，以确保数据的准确性和可靠性。通过环境监测，可以掌握环境状况的动态变化，为环境管理提供有力的数据支持。同时，环境监测结果还可以为环境规划、环境影响评价等工作提供重要参考。

（四）环境法规

环境法规是环境管理的法治保障，通过制定和执行相关法律法规，可以规范人类活动，保护生态环境。环境法规涉及多个方面，包括污染防治、资源保护、生态保护等。通过立法手段，可以明确环境保护的责任主体、管理程序和处罚措施，确保环境保护工作的顺利开展。同时，环境法规还可以提高公众的法律意识，推动社会各界共同参与环境保护事业。

（五）环境教育

环境教育是环境管理的重要组成部分，旨在提高公众对环境保护的认识和意识。通过环境教育，可以使人们了解环境问题的严重性和紧迫性，掌握环境保护的基本知识和技能，从而在日常生活中践行环保理念。环境教育可以通过学校教育、社会宣传、媒体传播等多种途径进行，其覆盖各个年龄段和社会阶层。通过普及环境知识，培养公众的环保意识和责任感，可以推动全社会形成共同保护环境的良好氛围。

（六）绿色经济

绿色经济是环境管理的重要方向，旨在实现经济发展与环境保护的双赢。绿色经济强调在经济增长过程中注重资源节约、环境友好和生态平衡，通过推广清洁能源、发展循环经济、促进绿色技术创新等手段，以实现经济的可持续发展。绿色经济的发展不仅可以减少环境污染和生态破坏，还可以提高资源利用效率，推动产业升级和转型，为经济社会发展注入新的动力。

综上所述，环境管理的核心概念涵盖了环境规划、环境影响评价、环境监测、环境法规、环境教育以及绿色经济等多个方面。这些概念相互关联、相互支持，共同构成了环境管理的理论体系和实践框架。在未来发展中，我们需要继续深化对这些核心概念的理解和应用，推动环境管理工作的不断创新和发展，为构建美丽中国、实现可持续发展做出积极贡献。

全球化大背景下，环境管理不再是一个国家或地区的孤立行为，而是需要全球范围内的合作与共同努力。通过加强国际合作与交流，分享环境管理经验和技术成果，我们可以共同应对全球环境挑战，推动全球环境治理体系的完善和发展。此外，我们还需要注重环境管理的科学性和创新性，不断探索新的环境管理方法和手段，以适应不断变化的环境形势和需求。

此外，环境管理还需要关注社会公平和民生改善。在推进环境保护工作过程中，我们需要充分考虑不同群体的利益诉求和承受能力，确保环境保护措施公平、合理、可行。同时，我们还需要通过环境管理促进经济发展和社会进步，提高人民的生活质量和幸福感。

总之，环境管理的核心概念是一个综合性的体系，它涵盖了多个方面和层次。我们需要全面理解和把握这些概念，将其贯穿环境管理的全过程和各环节，以推动环境管理工作的深入开展和持续改进。只有这样，我们才能更好地保护我们的家园——地球，实现人与自然的和谐共生。

二、环境管理的核心目标

环境管理，作为现代社会可持续发展的重要组成部分，其核心目标在于实现环境保护与经济社会发展的协调统一。这一目标涵盖了多个层面，包括资源的高效利用、污染的防控与治理、生态系统的保护与恢复，以及推动绿色发展和构建和谐社会。以下将详细探讨环境管理的核心目标及其内涵。

（一）资源的高效利用

资源的高效利用是环境管理的首要目标之一。在经济发展过程中，资源的消耗是不可避免的，但如何以更高效、更可持续的方式利用资源，减少浪费，是环境管理需要解决的重要问题。这包括提高资源利用效率，推广清洁生产技术，优化产业结构，以及加强资源的循环利用等。通过资源的高效利用，不仅可以降低对自然资源的过度依赖，还可以减少生产过程中的污染物排放，从而实现经济、社会和环境的协调发展。

（二）污染的防控与治理

污染的防控与治理是环境管理的核心目标之一。随着工业化进程的加速，环境污染问题日益严重，对人类的健康和生态系统的稳定造成了严重威胁。因此，环境管理需要制定严格的污染排放标准，加强污染源的监管和治理，推广污染治理技术，以及建立有效的污染应急响应机制。通过污染的防控与治理，可以保护生态环境，改善环境质量，为人民群众创造更加宜居的生活空间。

（三）生态系统的保护与恢复

生态系统的保护与恢复是环境管理的另一重要目标。生态系统是地球生命支持系统的基础，对于维护生物多样性、保持生态平衡、提供生态服务等方面具有不可替代的作用。然而，人类活动对生态系统的破坏日益严重，导致生态退化、生物多样性丧失等问题。因此，环境管理需要加强对生态系统的保护，防止过度开发和破坏；同时，对于已经受损的生态系统，需要采取积极的恢复措施，促进生态系统的自我修复和重建。

（四）推动绿色发展

推动绿色发展是环境管理的长远目标。绿色发展是以资源节约、环境友好为特征的经济发展方式，是实现经济社会可持续发展的必由之路。环境管理需要推动绿色产业的发展，鼓励企业采用清洁生产技术，发展循环经济，降低能耗和排放；同时，还需要加强绿色消费理念的普及，引导公众形成绿色生活方式，共同推动绿色社会的建设。

（五）构建和谐社会

构建和谐社会是环境管理的最终目标。和谐社会是一个人与自然和谐共生的社会，是一个经济、社会和环境协调发展的社会。环境管理通过实现资源的高效利用、污染的防控与治理、生态系统的保护与恢复以及推动绿色发展等目标，为构建和谐社会提供了坚实的生态基础。同时，环境管理还需要加强公众参与和社会监督，提高公众的环境意识和参与度，形成全社会共同参与环境保护的良好氛围。

为了实现这些核心目标，环境管理需要综合运用多种手段，包括政策引导、法规约束、科技支撑、公众参与等。政策引导方面，政府需要制定和实施有利于环境保护的政策措施，如税收优惠、财政补贴等，鼓励企业和社会各界积极参与环境保护。法规约束方面，需要建立健全环境保护法律法规体系，严格执法，对违法行为进行惩处，确保环境保护工作的顺利开展。科技支撑方面，需要加强环境科技创新和研发，推广先进的环境保护技术和设备，提高环境保护工作的效率和水平。公众参与方面，需要加强环境教育和宣传，提高公众的环境意识和参与度，形成全社会共同参与环境保护的强大合力。

总之，环境管理的核心目标在于实现环境保护与经济社会发展的协调统一。这一目标的实现需要政府、企业和社会各界的共同努力和协作。通过资源的高效利用、污染的防控与治理、生态系统的保护与恢复、推动绿色发展和构建和谐社会等目标的实现，我们可以为子孙后代留下一个更加美好、宜居的家园。

三、目标与概念的逻辑关系

目标与概念，在环境管理领域中，构成了紧密相连、互为支撑的逻辑关系。目标是环境管理的方向指引，而概念则是实现这些目标所需的理论基础和思维工具。理解目标与概念之间的逻辑关系，对于有效实施环境管理至关重要。

（一）概念是目标的基础与支撑

环境管理的核心概念，如环境规划、环境影响评价、环境监测、环境法规、环境教育以及绿色经济等，为设定和实现环境管理目标提供了坚实的理论基础和思维框架。

这些概念不仅揭示了环境问题的本质和规律，还提供了解决环境问题的思路和方法。

例如，环境规划概念强调对未来环境状况的预测和规划，以确保人类活动的环境影响最小化。这一概念的提出，为设定环境管理的目标提供了方向，即通过科学合理地规划，实现经济与环境的协调发展。同样，环境影响评价概念要求对建设项目或政策实施可能产生的环境影响进行科学评估，为决策者提供科学依据。这有助于在设定目标时充分考虑环境因素，避免盲目发展带来的环境风险。

（二）目标是概念的具体化与实现

环境管理的目标是概念的具体化和实现过程。概念为目标的设定提供了理论支持和指导，而目标则是概念在实践中的具体体现和追求。

以绿色经济为例，这一概念强调在经济增长过程中注重资源节约、环境友好和生态平衡。而绿色经济的目标则是通过推广清洁能源、发展循环经济、促进绿色技术创新等手段，实现经济的可持续发展。这一目标将绿色经济的概念具体化，为我们指明了实现经济与环境双赢的方向。

再如，环境教育的目标是提高公众对环境保护的认识和意识，而概念则为我们提供了实现这一目标的方法和途径，如通过学校教育、社会宣传、媒体传播等多种方式普及环境知识。

（三）目标与概念的互动与促进

目标与概念之间的逻辑关系并非是单向的，而是相互促进、相互影响的。在实践中，目标的实现会进一步丰富和发展概念的内涵，而概念的深化和完善又会为目标的设定和实现提供新的思路和方法。

例如，在环境管理的实践中，我们可能会遇到一些新的挑战和问题，如新型污染物的出现、生态系统退化等。为了解决这些问题，我们需要不断深化和完善相关的概念，如提出新的环境影响评价方法、发展更加高效的环境监测技术等。这些概念的更新和完善，将为我们设定新的目标提供理论支持，进而推动环境管理工作的不断进步。

同时，目标的实现也会反过来促进概念的发展。当我们成功实现了一个环境管理目标，如降低某地区的污染物排放量或恢复某生态系统的功能时，这不仅证明了相关概念的有效性和可行性，还为我们进一步拓展和完善这些概念提供了实践经验。

（四）目标与概念在环境管理中的应用

在环境管理的实践中，目标与概念的逻辑关系得到了充分的应用。一方面，我们根据环境管理的核心概念来设定具体的目标，如减少污染、保护生态、促进可持续发展等。这些目标不仅为我们指明了工作的方向，也为我们提供了衡量工作成效的标准。

另一方面，我们通过实现这些目标来验证和深化相关的概念。当我们在实践中成功地达到了某个目标时，这就证明了相关概念是有效的、可行的。同时，我们也会在实践中发现一些新的问题和挑战，这需要我们不断更新和完善相关的概念，以更好地指导我们的工作。

此外，目标与概念的逻辑关系还体现在环境管理的决策过程中。在制定环境管理政策或措施时，我们需要充分考虑目标的实现与概念的运用。既要确保政策或措施符合环境管理的核心概念，又要确保其能够有效地实现设定的目标。而这需要我们在决策过程中进行深入的思考和科学的分析，以确保环境管理工作的科学性和有效性。

综上所述，目标与概念在环境管理中构成了紧密相连、互为支撑的逻辑关系。概念是目标的基础与支撑，为目标的设定提供了理论支持和指导；目标是概念的具体化与实现，是概念在实践中的具体体现和追求。同时，目标与概念两者之间的互动与促进关系使环境管理工作得以不断进步和发展。

因此，在环境管理实践中，我们应充分理解和把握目标与概念两者之间的逻辑关系，以科学的态度和方法进行环境管理工作。既要注重概念的深化和完善，以提供更加坚实的理论支撑；又要注重目标的实现和验证，以推动环境管理工作的不断进步和发展。只有这样，我们才能更好地应对环境问题带来的挑战，实现人类社会的可持续发展。

第二节　施工环境管理体系的构建

一、环境管理体系的框架

环境管理体系是一种系统化、结构化的管理方法，旨在帮助组织有效识别、评估、控制和管理其运营活动对环境造成的影响。一个完整的环境管理体系框架通常包括以下几个关键要素：政策与承诺、规划、实施与运行、检查与纠正以及管理评审和持续改进。这些要素之间相互关联、相互支持，共同构成了环境管理体系的基础。

（一）政策与承诺

环境政策是组织对环境管理的基本原则和目标的正式声明，它反映了组织对环境保护的承诺和态度。环境政策应由组织的高层管理者制定，并传达给所有员工和相关方。政策内容应明确、具体，包括对环境绩效的期望、对合规性的承诺以及持续改进的意愿。此外，政策还应定期审查和更新，以适应组织内外部环境的变化。

（二）规划

规划是环境管理体系的核心部分，它涉及对组织的环境影响进行识别、评估和制定管理策略。在规划阶段，组织需要确定其运营活动中可能产生的环境问题，如排放、能源消耗、废物产生等，并评估这些问题对环境和社会的潜在影响。基于评估结果，组织应制定具体的环境目标和指标，以及实现这些目标所需的行动计划。这些目标和指标应具有可衡量性、可达成性和挑战性，以激发组织的持续改进动力。

（三）实施与运行

实施与运行阶段是将环境管理体系的规划转化为实际行动的过程。在这一阶段，组织需要确保所有员工都了解并遵循环境管理体系的要求，包括环境政策、目标和指标。此外，组织还应建立有效的沟通机制，以便员工能够报告环境问题、提出改进建议并参与环境管理活动。同时，组织应确保具备必要的资源和技术支持，以实现环境目标。

在运行过程中，组织还应关注环境风险的预防和控制。通过识别潜在的环境风险源，组织可以采取相应地预防措施来降低风险发生的可能性。对于已经发生的环境问题，组织应迅速采取纠正措施，防止问题扩大化，并总结经验教训，完善环境管理体系。

（四）检查与纠正

检查与纠正阶段是确保环境管理体系有效运行的关键环节。在这一阶段，组织需要定期对环境管理体系的运行情况进行监测和评估，以验证环境目标和指标的实现情况。监测活动可以包括对环境数据的收集和分析、对员工行为的观察以及对环境管理活动的审查等。通过监测结果，组织可以了解环境管理体系的运行状况，发现当中存在的问题和不足。

对于发现的问题，组织应及时采取纠正措施进行改进。纠正措施可以包括改进工艺、优化资源利用、加强员工培训等方面。同时，组织还应建立预防机制，防止类似问题再次发生。在纠正措施实施后，组织应再次进行监测和评估，以确保问题得到有效解决。

（五）管理评审

管理评审是环境管理体系框架中的最高层次活动，它涉及对整个环境管理体系的定期审查和评估。管理评审通常由组织的高层管理者主持，以确保环境管理体系与组织战略和目标的一致性。在评审过程中，管理者应关注环境管理体系的有效性、环境绩效的改善情况以及资源利用的优化等方面。

通过管理评审，组织可以识别环境管理体系中的强项和弱项，以此发现潜在的改进机会。基于评审结果，组织可以制定新的环境目标和指标，调整环境管理策略，并优化资源配置。此外，管理评审还可以提高员工对环境管理体系的认识和参与度，促进组织文化的形成和发展。

（六）持续改进

持续改进是环境管理体系框架的核心原则之一。它要求组织在环境管理方面不断寻求改进机会，通过创新和实践来提高环境绩效。为了实现持续改进，组织需要建立一种学习和创新的文化氛围，鼓励员工积极参与环境管理活动并提出改进建议。

同时，组织还应关注环境管理领域的新技术、新方法和新标准，及时将其引入环境管理体系中。通过不断学习和创新，组织可以不断提高其环境管理水平，实现环境绩效的持续提升。

综上所述，环境管理体系的框架包括政策与承诺、规划、实施与运行、检查与纠正以及管理评审等关键要素。这些要素之间相互关联、相互支持，共同构成了一个完整的环境管理体系。通过实施这一体系，组织可以有效识别、评估、控制和管理其运营活动对环境造成的影响，以此实现经济、社会和环境的协调发展。

二、环境管理体系的要素

环境管理体系（EMS）是一个组织为了实现其环境目标、提高环境绩效而建立、实施并保持的一套系统的、结构化的管理过程。它涉及组织的各个方面，旨在确保组织的活动、产品和服务对环境的影响最小化，同时实现可持续发展。一个完善的环境管理体系应包含多个核心要素，这些要素之间相互关联、相互支持，共同构成了 EMS 的基础框架。以下是对环境管理体系要素的详细阐述。

（一）环境方针

环境方针是组织环境管理体系的基石，它阐明了组织对环境保护的承诺和态度，并为整个体系提供了方向和指导。环境方针应体现组织的价值观、目标和愿景，并与组织的战略和业务活动相协调。它应明确组织在环境保护方面的基本原则、目标和承诺，并强调持续改进和全员参与的重要性。

（二）规划

规划是环境管理体系的核心环节，它涉及对组织的环境影响进行识别、评估和制定管理策略。在规划阶段，组织需要明确其环境目标，这些目标应具有可衡量性、可达成性和挑战性。为了实现这些目标，组织需要制订具体的环境管理方案，方案内容应包括实施措施、时间表和责任人等。此外，组织还应考虑可能的环境风险和机遇，并制定相应的应对策略。

（三）实施与运行

实施与运行阶段是将环境管理体系的规划转化为实际行动的过程。在这一阶段，组织需要确保所有员工都了解并遵循环境管理体系的要求，包括环境方针、目标和方案。组织应建立有效的沟通机制，促进内部和外部的信息交流，以便及时识别和解决环境问题。同时，组织应提供必要的资源和技术支持，确保环境管理体系的有效运行。

（四）检查与监测

检查与监测是环境管理体系中的重要环节，它涉及对环境绩效的定期评估和审查。通过监测和测量组织的环境绩效，组织可以了解其在实现环境目标方面的进展情况，并及时发现潜在的问题。监测活动可以包括对环境数据的收集和分析、对环境管理体系运行情况的检查以及对员工行为的观察等。此外，组织还应建立定期审查机制，对环境管理体系的适用性、充分性和有效性进行全面评估。

（五）不符合、纠正与预防措施

在环境管理体系运行过程中，难免会出现不符合规定的情况。组织应建立有效的机制来识别和处理这些不符合项，包括及时采取纠正措施来消除不符合项的影响，并防止其再次发生。同时，组织还应分析不符合项产生的原因，制定预防措施，以防止类似问题的再次发生。通过持续改进和优化环境管理体系，组织可以不断提高其环境绩效和管理水平。

（六）记录控制

记录控制是环境管理体系的一个重要要素，它涉及对环境管理相关记录的管理和维护。这些记录可以包括环境数据、监测结果、审查报告、纠正与预防措施等。组织应建立有效地记录管理制度，确保记录的准确性和完整性，并便于查阅和使用。通过记录控制，组织可以追溯环境管理体系的运行情况，为持续改进提供依据。

（七）管理评审

管理评审是环境管理体系的最高层次活动，它涉及对环境管理体系的全面审查和评估。通过管理评审，组织可以了解环境管理体系的运行状况、环境绩效的改善情况，以及资源利用的优化情况。评审过程应由组织的高层管理者主持，确保环境管理体系与组织战略和目标的一致性。评审结果应作为制定新的环境目标、优化环境管理策略的重要依据。

（八）内部审核

内部审核是环境管理体系中的关键过程，它旨在评估环境管理体系的符合性、有效性和一致性。通过内部审核，组织可以发现环境管理体系中的不足和潜在问题，并提出改进建议。内部审核应由具备相应资质和经验的内部审核员进行，确保审核的客观性和公正性。审核结果应形成报告，并向高层管理者和相关方报告，以便及时采取纠正和预防措施。

综上所述，环境管理体系的要素涵盖了从环境方针的制定到内部审核的全过程，它们共同构成了一个完整、系统的管理体系。通过实施这一体系，组织可以有效地识别、评估和管理其环境影响，实现环境绩效的持续提升，并为可持续发展做出贡献。同时，环境管理体系的实施也有助于提升组织的形象和声誉，增强其在市场竞争中的优势。因此，组织应充分重视环境管理体系的建设和运行，确保其在实际工作中发挥应有的作用。

三、体系的构建与实施步骤

环境管理体系的构建与实施是组织实现可持续发展的重要环节。它涉及组织内部多个部门和层级的协作，旨在通过系统化、结构化的方法，有效识别、评估和管理环境风险，提高环境绩效。以下将详细阐述环境管理体系的构建与实施步骤。

（一）明确构建环境管理体系的目标与原则

在构建环境管理体系之前，组织需要明确其目标与原则。目标通常包括降低环境污染、减少资源消耗、提高环境绩效等。原则应体现组织的价值观和对环境保护的承诺，如持续改进、全员参与、预防为主等。明确目标与原则有助于为整个体系的构建提供方向和指导。

（二）组织现状分析与环境影响评估

组织需要对自身现状进行深入分析，了解现有的环境管理状况、存在的问题和不足。此外，还需要对组织的运营活动进行环境影响评估，识别可能产生的环境风险和机遇。这些信息将为后续的环境管理体系设计提供重要依据。

（三）设计环境管理体系框架与制度

基于现状分析与环境影响评估的结果，组织可以开始设计环境管理体系的框架与制度。这包括确定环境管理体系的组织结构、职责分工、工作流程等。此外，还需要制定一系列的环境管理制度，如环境政策、目标指标、管理方案、监测与测量计划等。这些制度和计划应具有可操作性和可衡量性，以确保环境管理体系的有效运行。

（四）实施环境管理体系

在实施环境管理体系的过程中，组织需要做好以下工作。

（1）宣传与培训：通过内部宣传和培训活动，提高员工对环境管理体系的认识和理解，确保员工能够积极参与和配合体系的运行。

（2）资源保障：为环境管理体系的运行提供必要的资源保障，包括人力、物力、财力等方面的支持。

（3）监测与测量：按照监测与测量计划，对环境绩效进行定期监测和测量，收集数据并进行分析，以便及时了解环境管理体系的运行情况。

（4）不符合项处理：对于发现的不符合项，应及时进行处理，采取纠正和预防措施，防止问题再次发生。

（五）内部审核与管理评审

内部审核是验证环境管理体系符合性和有效性的重要手段。组织应定期进行内部审核，对环境管理体系的各个方面进行全面检查。审核过程中应重点关注环境管理体系的运行情况、环境绩效的改善情况以及员工的参与程度等方面。同时，组织还应建立管理评审机制，定期对环境管理体系进行评审，以确保其与组织战略和目标的一致性。

（六）持续改进与优化

持续改进是环境管理体系的核心原则之一。组织应根据内部审核和管理评审的结果，来识别环境管理体系中的不足和潜在问题，并制定相应的改进措施。此外，组织还应关注环境管理领域的新技术、新方法和新标准，及时将其引入环境管理体系中，以提高环境绩效和管理水平。

在构建与实施环境管理体系的过程中，组织需要注意以下几点。

一是领导层的重视与支持。领导层对环境管理体系的构建与实施起着关键作用，他们需要为体系的建设提供必要的资源和支持，并确保体系的有效运行。

二是全员参与。环境管理体系的构建与实施需要全体员工的积极参与和配合。组织应鼓励员工提出改进建议，激发员工的创新精神和责任感。

三是与组织的业务活动相结合。环境管理体系的构建与实施应与组织的业务活动紧密结合，确保体系能够真正为组织的可持续发展服务。

四是注重实效。环境管理体系的构建与实施应注重实效，避免形式主义。组织应关注环境绩效的改善情况，确保体系能够真正带来环境效益。

综上所述，环境管理体系的构建与实施是一个系统性、复杂性的过程，需要组织内部多个部门和层级的协作。通过明确目标与原则、现状分析与环境影响评估、设计框架与制度、实施体系、内部审核与管理评审以及持续改进与优化等步骤，组织可以逐步建立起一个符合自身特点的环境管理体系，为可持续发展提供有力保障。

第三节 施工环境保护措施与方法

一、环境保护的基本原则

环境保护的基本原则是指导环境保护实践活动的核心准则，它体现了人类对环境保护的认识和理解，并为实现环境可持续发展提供了行动指南。本书将详细阐述环境保护的基本原则，以期增进对环保工作重要性的认识，推动环保实践的深入发展。

（一）预防为主、防治结合、综合治理的原则

预防为主是环境保护的首要原则。它强调在环境问题尚未发生或尚未造成严重后果之前，而采取积极有效的措施，防止环境问题的产生和恶化。这要求我们在制订经济发展政策、规划和计划时，充分考虑环境保护的需要，将环境保护纳入决策过程，确保经济、社会和环境协调发展。

防治结合原则强调在预防的同时，也要注重环境问题的治理。对于已经产生的环境问题，要采取积极有效的措施进行治理，防止问题进一步恶化。这要求我们在环境保护工作中，既要注重源头控制，也要加强末端治理，形成预防与治理相结合的工作格局。

综合治理原则强调在环境保护工作中，要采取综合性的措施，从多个方面入手，协同推进环境保护工作。这包括加强环境法治建设、提高环境监管能力、推动绿色技术创新、加强环境教育等多个方面。通过综合治理，实现环境保护与经济社会的协调发展。

（二）谁污染谁治理、谁开发谁保护的原则

谁污染谁治理原则明确了环境保护的责任主体。它要求污染者对其产生的环境污染负责，承担治理污染的责任。这有助于推动污染者积极采取措施减少污染排放，提高资源利用效率，降低环境风险。

谁开发谁保护原则则强调了开发者在环境保护中的责任。它要求开发者在开发利用自然资源的过程中，要充分考虑环境保护的需要，采取必要的措施保护生态环境，防止因过度开发活动而造成的环境破坏。这有助于促进资源开发与环境保护的协调发展，实现可持续利用自然资源的目标。

（三）依靠群众保护环境的原则

环境保护工作离不开广大群众的参与和支持。依靠群众保护环境的原则强调要广

泛动员群众参与环境保护工作，发挥群众在环境保护中的积极作用。这要求我们在环境保护工作中，加强宣传教育，提高群众的环境保护意识，鼓励群众积极参与环保实践，形成全民参与、共建共享的环境保护格局。

同时，政府和社会组织也应积极为群众参与环保提供便利和支持，如设立环保举报奖励制度、开展环保志愿服务等，激发群众参与环保的热情和动力。

（四）环境与经济社会协调发展的原则

环境保护与经济社会发展是相互促进、相互制约的关系。环境与经济社会协调发展的原则强调在推动经济社会发展的同时，要注重环境保护，实现经济、社会和环境的协调发展。这要求我们在制定经济社会发展规划时，充分考虑环境的承载能力和资源约束条件，合理调整产业结构和发展方式，推动绿色发展、循环发展和低碳发展。

同时，我们还应加强环境政策与经济政策的协调配合，形成有利于环境保护的经济发展格局和政策体系。例如，通过实施环保税、生态补偿等经济手段，引导企业和个人减少污染排放和资源消耗，推动形成绿色生产和消费模式。

（五）环境责任原则

环境责任原则强调每个个体、组织和国家都应对其环境行为负责。这包括对环境造成的直接和间接影响，以及为保护和改善环境所应承担的义务。环境责任原则要求建立明确的责任体系，确保责任主体能够对其环境行为负责，并承担相应的法律和经济后果。

在实践中，环境责任原则要求企业建立严格的环境管理制度，确保生产活动符合环保要求；政府加强环境监管，对违法行为进行严厉打击；公众积极参与环保监督，举报环境违法行为。此外，还应加强环境教育和宣传，提高全社会的环保意识和责任感。

（六）可持续发展原则

可持续发展原则强调在满足当代人需求的同时，不损害未来世代满足其需求的能力。这要求我们在环境保护工作中，注重长远利益，实现经济、社会和环境的可持续发展。

为实现可持续发展，我们需要采取一系列措施，如推动绿色技术创新、优化产业结构、提高资源利用效率、加强生态系统保护等。此外，还应加强国际合作，共同应对全球环境问题，推动全球环境治理体系的完善。

综上所述，环境保护的基本原则涵盖了预防与治理、责任与义务、公众参与以及可持续发展等多个方面。这些原则共同构成了环保工作的理论基础和行动指南。在实践中，我们需要不断加深对这些原则的理解和应用，推动环保事业的深入发展，为实现人与自然和谐共生的美好愿景贡献力量。

二、环境保护的具体措施

环境保护是当今社会面临的重要任务之一，它关系到人类生存环境的可持续发展。为了实现环境保护的目标，需要采取一系列具体的措施。本书将详细阐述环境保护的具体措施，以期提供有益的参考和启示。

（一）加强环境法规建设

制定和完善环境法规是环境保护的基础和保障。政府应加强对环境保护法律法规的制定和修订，明确环境保护的目标、任务和措施，为环境保护提供有力的法律支持。同时，加大对环境违法行为的处罚力度，确保环境法规的有效执行。

（二）推进绿色产业发展

绿色产业是环境保护与经济发展的有机结合。政府应出台相关政策，鼓励和支持绿色产业的发展，推动产业结构调整和转型升级。通过发展清洁能源、循环经济等绿色产业，降低能源消耗和污染排放，实现经济与环境的协调发展。

（三）加强环境监管和监测

环境监管和监测是环境保护的重要手段。政府应建立健全环境监管体系，加强对企业排放的监管，确保企业严格遵守环保法规。同时，加强环境质量监测，及时掌握环境质量状况，为环境保护提供科学依据。

（四）推广环保技术和设备

环保技术和设备的应用是环境保护的关键。政府应加大对环保技术和设备的研发和推广力度，鼓励企业采用先进的环保技术和设备，提高资源利用效率，减少污染物排放。同时，加强环保技术的国际合作与交流，引进国外先进的环保技术和经验。

（五）加强环境教育和宣传

环境教育和宣传是提高公众环保意识的重要途径。政府应加强对环境教育和宣传的投入，通过举办环保讲座、开展环保活动等方式，普及环保知识，提高公众的环保意识和参与度。此外，媒体也应发挥积极作用，加强环保宣传和舆论监督。

（六）实施生态保护和修复工程

生态保护和修复工程是改善生态环境、恢复生态平衡的重要措施。政府应加大对生态保护和修复工程的投入，加强自然保护区、生态功能区的建设和管理，保护和恢复重要生态系统。同时，加强生物多样性保护，维护生态平衡和生物安全。

（七）推动公众参与和社会监督

公众参与和社会监督是环境保护的重要力量。政府应建立健全公众参与机制，鼓励公众积极参与环保活动，提出环保建议和意见。同时，加强社会监督，建立健全环保举报奖励制度，鼓励公众对环境违法行为进行监督和举报。

（八）推动国际合作与交流

环境保护是全球性问题，需要各国共同合作应对。政府应积极参与国际环保合作与交流，学习借鉴国际先进经验和技术，推动全球环境治理体系的完善。同时，加强与其他国家在环保领域的合作，共同应对全球环境问题。

（九）推广绿色生活方式

绿色生活方式是减少环境污染和资源消耗的重要途径。政府应倡导绿色生活方式，鼓励公众采取绿色出行、垃圾分类、节约用水用电等措施，降低个人对环境的影响。同时，加强对绿色消费市场的引导和监管，推动绿色消费成为一种新的社会风尚。

（十）加强环境风险评估和预警

环境风险评估和预警是预防环境问题的有效措施。政府应加强对环境风险的评估和预警工作，及时发现和应对潜在的环境风险。同时，建立健全环境应急管理体系，提高应对突发环境事件的能力和水平。

综上所述，环境保护的具体措施涵盖了法规建设、产业发展、监管监测、技术推广、教育宣传、生态保护、公众参与、国际合作、绿色生活以及风险评估等多个方面。这些措施相互关联、相互促进，共同构成了环境保护的完整体系。在实践中，需要政府、企业和社会各界共同努力，形成合力，推动环境保护工作的深入开展。此外，还需要不断创新和完善环保措施，以适应新形势下的环保需求，为实现美丽中国目标贡献力量。

三、环境保护方法的创新与应用

随着人类社会的快速发展，环境问题日益凸显，环境保护成为摆在我们面前的一项紧迫而重要的任务。传统的环境保护方法在某些方面已经取得了显著成效，但随着环境问题的复杂性和多样性的增加，我们需要不断探索和创新环境保护方法，以适应新的环境挑战。本书将探讨环境保护方法的创新与应用，以期为环境保护工作提供新的思路和实践路径。

（一）环境保护方法的创新

1.科技创新的引领

科技创新是环境保护方法创新的重要驱动力。随着科技的不断进步，我们可以利用先进的技术手段来解决环境问题。例如，利用大数据和人工智能技术，我们可以对环境质量进行实时监测和预测，为环境决策提供科学依据。同时，新材料、新能源等技术的发展也为环境保护提供了新的解决方案，如利用可再生能源替代化石能源，减少温室气体排放。

2.生态修复技术的创新

生态修复是环境保护的重要手段之一。传统的生态修复方法往往注重单一的物理或化学手段，但效果不佳且可能带来二次污染。因此，我们需要创新生态修复技术，注重生态系统的整体性和自我修复能力。例如，通过植被恢复、土壤改良等措施，促进生态系统的恢复和重建，提高生态系统的稳定性和服务功能。

3.环保政策和制度的创新

环保政策和制度是环境保护的保障和基础。我们需要创新环保政策和制度，以适应新的环保需求。例如，建立更加严格的环保标准和监管机制，加大对环境违法行为的处罚力度；同时，推动绿色经济发展，鼓励企业采取环保措施，实现经济效益和环保效益的双赢。

（二）环境保护方法的应用

1.推广绿色技术

绿色技术是环境保护的重要手段之一。我们需要大力推广绿色技术，如节能技术、清洁生产技术等，降低能源消耗和污染排放。同时，加强绿色技术的研发和推广，提高绿色技术的普及率和应用水平，为环境保护提供技术支持。

2.实施生态补偿机制

生态补偿机制是一种通过经济手段促进生态保护和修复的机制。我们可以实施生态补偿机制，对生态环境保护和修复行为给予经济补偿，激励更多的人和企业参与到环保事业中来。同时，建立科学的生态补偿标准和监管机制，确保生态补偿的公平性和有效性。

3.开展环境教育和宣传

环境教育和宣传是提高公众环保意识的重要途径。我们需要加强环境教育和宣传工作，通过举办环保讲座、开展环保活动等方式，普及环保知识，提高公众的环保意识和参与度。此外，媒体也应发挥积极作用，加强环保宣传和舆论监督，推动环保工作的深入开展。

4.强化国际合作与交流

环境保护是全球性问题，需要各国共同合作应对。我们可以加强与其他国家在环保领域的合作与交流，学习借鉴国际先进经验和技术，推动全球环境治理体系的完善。同时，积极参与国际环保组织和活动，共同应对全球环境问题，推动构建人类命运共同体。

（三）环境保护方法创新与应用的前景展望

随着科技的不断进步和社会对环保问题的日益关注，环境保护方法的创新与应用将呈现出更加广阔的发展前景。未来，我们可以期待更多先进的环保技术得到应用，如智能环保监测技术、生态修复新材料等，为环境保护提供更加高效、精准地解决方案。同时，随着环保政策的不断完善和环保意识的普及，越来越多的人和企业将积极参与到环保事业中来，形成全社会共同参与的环保格局。

总之，环境保护方法的创新与应用是应对环境问题的重要途径。我们需要不断探索和实践新的环保方法，以适应新的环境挑战。同时，加强环保政策的制定和执行，提高公众的环保意识，营造全社会共同参与的环保氛围，共同推动环境保护事业的发展。

第四节　施工环境污染控制与治理

一、污染控制的关键点

污染控制是环境保护的核心任务之一，它涉及对各类污染源的有效管理和治理，以确保环境质量的持续改善和生态系统的健康稳定。污染控制工作具有复杂性和长期性，需要明确关键点，从而有针对性地制定和执行相关政策措施。本书将详细阐述污染控制的关键点，以期为环保实践提供有益的参考。

（一）污染源识别与监管

污染源识别是污染控制的首要关键点。只有准确识别各类污染源，才能有针对性地制定治理措施。污染源种类繁多，包括工业排放、农业污染、生活污水、交通尾气等。因此，需要建立完善的污染源监测体系，对各类污染源进行定期监测和评估，确保污染数据的准确性和时效性。

在污染源识别的基础上，加强监管是确保污染控制效果的关键。政府应建立健全的环保法规体系，明确污染源的排放标准和管理要求。同时，加大执法力度，对违法行为进行严厉打击，形成有效的监管威慑力。此外，鼓励公众参与监督，建立举报奖励制度，拓宽监督渠道，提高监督效率。

（二）污染治理技术创新与应用

污染治理技术是污染控制的核心手段。随着科技的不断发展，新的污染治理技术不断涌现，为污染控制提供了更多的选择。因此，加强污染治理技术的创新与应用是污染控制的关键点之一。

政府应加大对污染治理技术研发的投入，鼓励企业、高校和科研机构开展合作，推动技术创新。同时，积极引进国外先进的污染治理技术，结合本国实际情况进行消化吸收和再创新。在技术应用方面，加强技术推广和普及，提高污染治理技术的覆盖率和应用水平。

（三）产业结构优化与布局调整

产业结构优化和布局调整是污染控制的长期策略。不合理的产业结构和布局往往导致资源浪费和环境污染。因此，通过优化产业结构和调整布局，可以从源头上减少污染物的产生和排放。

政府应制定产业发展规划，明确产业发展方向和重点。鼓励发展绿色产业和循环经济，推动传统产业转型升级。同时，合理规划产业布局，避免产业过度集中和污染叠加。对于高污染、高能耗的产业，应严格控制其发展规模，推动其向清洁、低碳方向转型。

（四）环境容量与资源利用管理

环境容量是污染控制的重要依据。不同地区的环境容量存在差异，因此需要根据环境容量制定合理的污染排放标准。同时，加强资源利用管理，提高资源利用效率，减少资源浪费和环境污染。

政府应建立环境容量评估体系，对各地的环境容量进行定期评估。根据评估结果，制定合理的污染排放总量控制目标。在资源利用方面，推行资源节约和循环利用政策，鼓励企业采用先进的生产工艺和技术，提高资源利用效率。此外，加强资源回收利用体系建设，推动废弃物资源化利用。

（五）跨界污染协同治理

跨界污染是污染控制中的难点问题。由于地理位置相邻、生态环境相连，跨界污染往往涉及多个地区和部门，需要协调各方共同治理。

政府应建立跨界污染协同治理机制，明确各方责任和义务。加强区域间合作，共同制定跨界污染治理方案。同时，建立信息共享和联合执法机制，确保跨界污染治理工作的顺利开展。此外，加强公众宣传和教育，提高公众对跨界污染问题的认识和参与度。

（六）污染应急预案与风险管理

污染应急预案和风险管理是污染控制的重要组成部分。面对突发环境事件和潜在环境风险，需要制定有效的应急预案和风险管理措施，确保环境安全和社会稳定。

政府应建立健全的污染应急预案体系，明确各级政府和部门的职责和分工。加强应急演练和培训，提高应对突发环境事件的能力。同时，加强风险管理，对潜在环境风险进行定期评估和预警。对于高风险区域和行业，应制定针对性的风险管理措施，以降低环境风险水平。

综上所述，污染控制的关键点涉及多个方面，包括污染源识别与监管、污染治理技术创新与应用、产业结构优化与布局调整、环境容量与资源利用管理、跨界污染协同治理以及污染应急预案与风险管理等。这些关键点相互关联、相互支撑，共同构成了污染控制工作的完整体系。在实践中，需要政府、企业和社会各方共同努力，形成合力，推动污染控制工作的深入开展。此外，还需要不断创新和完善污染控制方法和技术，适应新的环保需求和挑战，为实现可持续发展和美丽中国的目标贡献力量。

二、污染治理的技术手段

污染治理是环境保护工作的核心内容，旨在通过科学有效的技术手段，以减少或消除各类污染源对环境造成的污染和破坏。随着科技的进步和环保意识的提高，污染治理技术手段也在不断更新和完善。本书将详细阐述污染治理的技术手段，以期为环保实践提供有益的参考。

（一）物理治理技术

物理治理技术主要通过物理手段对污染物进行分离、回收或转化，以达到治理的目的。常见的物理治理技术包括吸附、过滤、膜分离等。

1. 吸附技术

吸附技术利用吸附剂的吸附性能，将污染物从流体中分离出来。例如，活性炭是一种常用的吸附剂，能够有效去除水中的有机物和重金属离子。吸附技术具有操作简便、效果明显的优点，但吸附剂的再生和处置问题仍需进一步解决。

2. 过滤技术

过滤技术通过过滤介质对污染物进行截留，实现污染物的去除。在污水处理中，砂滤、纤维过滤等技术广泛应用，能够有效去除悬浮物和颗粒物。过滤技术的关键在于选择合适的过滤介质和优化操作条件。

3. 膜分离技术

膜分离技术利用特殊膜的选择性透过性，实现污染物的分离和浓缩。反渗透、超滤等技术在水处理、气体分离等领域具有广泛应用。膜分离技术具有高效、节能的优点，但膜的制备成本和使用寿命仍需进一步改进。

（二）化学治理技术

化学治理技术通过化学反应对污染物进行转化或降解，以达到治理的目的。常见的化学治理技术包括氧化、还原、沉淀等。

1. 氧化技术

氧化技术利用氧化剂将污染物氧化为低毒或无毒的物质。例如，臭氧氧化、芬顿氧化等技术可有效去除水中的有机污染物。氧化技术具有反应速度快、效果显著的优点，但需注意氧化剂的选择和用量控制，避免产生二次污染。

2. 还原技术

还原技术利用还原剂将污染物还原为低毒或无毒的物质。在重金属污染治理中，还原技术可将高价态重金属离子还原为低价态，便于后续的分离和回收。还原技术的关键在于选择合适的还原剂和操作条件，确保还原反应的顺利进行。

3. 沉淀技术

沉淀技术通过向污染水体中加入沉淀剂，使污染物形成沉淀物而得以去除。例如，在污水处理中，常采用氢氧化物沉淀法去除重金属离子。沉淀技术操作简单、成本低廉，但沉淀物的处理和处置问题仍需解决。

（三）生物治理技术

生物治理技术利用微生物的代谢作用对污染物进行降解和转化，具有环保、经济、可持续等优点。常见的生物治理技术包括生物膜法、活性污泥法等。

1. 生物膜法

生物膜法利用固定在载体上的微生物膜对污染物进行降解。生物膜法具有处理效率高、占地面积小的优点，适用于处理高浓度有机废水。然而，生物膜法的运行管理较为复杂，需要定期更换载体和维护生物膜。

2. 活性污泥法

活性污泥法通过培养活性污泥中的微生物，利用微生物的代谢作用降解污染物。活性污泥法具有适应性强、处理效果好的优点，其广泛应用于城市污水处理。然而，活性污泥法的运行成本较高，且污泥的处理和处置问题仍需进一步解决。

（四）高级氧化技术

高级氧化技术是一种新型的污染治理技术，通过产生强氧化性的自由基（如羟基自由基）对污染物进行高效氧化降解。常见的高级氧化技术包括光催化氧化、臭氧催化氧化等。

1. 光催化氧化技术

光催化氧化技术利用光催化剂（如二氧化钛）在光照条件下产生强氧化性的自由基，对污染物进行降解。光催化氧化技术具有反应速度快、无二次污染的优点，但光催化剂的制备和性能优化仍需进一步研究。

2. 臭氧催化氧化技术

臭氧催化氧化技术利用臭氧在催化剂作用下产生羟基自由基，对污染物进行高效氧化降解。臭氧催化氧化技术具有处理效果好、适用范围广的优点，但臭氧的制备和储存成本较高，需考虑其经济性。

（五）综合治理技术

在实际应用中，单一治理技术往往难以达到理想的治理效果，因此，综合治理技术应运而生。综合治理技术结合多种治理手段，形成优势互补，提高治理效率。例如，在污水处理中，可采用物理—化学—生物联合处理技术，通过吸附、过滤、氧化、生物降解等手段，实现对污水的全面治理。

综上所述，污染治理技术手段多种多样，各具特色。在实际应用中，应根据污染物的性质、治理目标和经济条件等因素，选择合适的治理技术手段或组合使用多种技术手段，以达到最佳的治理效果。同时，随着科技的不断发展，新的污染治理技术手段将不断涌现，为环保事业提供有力的支持。因此，我们需要不断关注和学习新的污染治理技术，提高污染治理水平，为保护环境、促进可持续发展做出更大的贡献。

三、控制与治理的实践效果

控制与治理实践是环境保护工作的核心环节，其目的在于通过一系列技术手段和管理措施，减少污染物排放，改善环境质量，并促进可持续发展。近年来，随着环保意识的提升和技术手段的进步，我国在污染控制与治理方面取得了显著成效。本书将详细探讨控制与治理的实践效果，以期为未来的环保工作提供有益参考。

（一）污染物排放量大幅下降

通过实施严格的排放标准和控制措施，我国各类污染物的排放量得到了有效控制。以工业领域为例，通过推广清洁生产技术和加强工业废水、废气的治理，工业污染物的排放量得到了显著减少。同时，农业领域也通过改进施肥方式和推广生态农业，降低了农药和化肥的使用量，减少了农业污染物的排放。此外，交通领域的尾气治理和生活垃圾的无害化处理等方面也取得了显著进展。

（二）环境质量明显改善

随着污染物排放量的减少，我国的环境质量得到了明显改善。空气质量方面，通过实施大气污染防治行动计划，空气污染物浓度显著降低，特别是 PM2.5 浓度下降明显，许多城市的空气质量达到了国家标准。水质方面，通过加强水污染治理和水资源保护，许多河流、湖泊的水质得到了改善，同时饮用水安全得到了保障。此外，土壤污染也得到了初步控制，土壤环境质量总体保持稳定。

（三）生态系统逐步恢复

随着环境质量的改善，生态系统也得到了逐步恢复。一些受损的湿地、森林和草地得到了修复和保护，生物多样性得到了提高。同时，一些濒危物种的数量也有所增加，生态系统的稳定性得到了增强。这些变化不仅改善了人们的生存环境，也为野生动物的生存和繁衍提供了更好的条件。

（四）促进了可持续发展

污染控制与治理的实践不仅改善了环境质量，也促进了可持续发展。通过推广清洁能源和节能减排技术，我国的能源结构得到了优化、能源利用效率得到了提高。这不仅有助于减少温室气体排放，应对气候变化挑战，也为经济社会的可持续发展提供了有力支撑。同时，环保产业的发展也带动了相关产业的转型升级，为经济增长提供了新的动力。

（五）提升了公众环保意识

污染控制与治理的实践不仅取得了显著的物质成果，也提升了公众的环保意识。随着环境质量的提升和环保工作的深入开展，人们越来越认识到环境保护的重要性。越来越多的人开始关注环境问题，参与到环保行动中来。这种环保意识的提升不仅有助于推动环保工作的深入开展，也为建设美丽中国提供了强大的社会基础。

（六）推动了国际合作与交流

在污染控制与治理方面，我国还积极加强与国际社会的合作与交流。通过参与国际环保组织、共享环保技术和经验等方式，我国不仅学习借鉴了国际先进的环保理念和技术手段，也为全球环保事业做出了积极贡献。这种国际合作与交流不仅有助于提升我国的环保水平，也促进了全球环保事业的共同发展。

然而，尽管我国在污染控制与治理方面取得了显著成效，但仍然存在一些挑战和问题。例如，部分地区的环境污染问题仍然突出，一些行业的污染物排放控制仍需加强；同时，随着经济社会的发展，新的环境问题也不断涌现，需要不断创新和完善环保技术和手段。因此，我们仍需继续努力，加强环保工作力度，推动环境质量持续改善。

综上所述，控制与治理的实践效果是显著的。通过实施严格的排放标准和控制措施，我国成功降低了污染物排放量，改善了环境质量，恢复了生态系统，促进了可持续发展，并提升了公众环保意识。然而，我们也应认识到环保工作的长期性和复杂性，继续加强环保工作力度，推动环境质量持续改善。此外，我们还应积极加强与国际社会的合作与交流，共同应对全球环境问题挑战，为构建人类命运共同体贡献自己的力量。

第五节 施工环境管理的效果评价

一、效果评价的标准与指标

在污染控制与治理的实践中，效果评价是检验工作成效、指导决策制定和推动持续改进的重要环节。效果评价的标准与指标不仅有助于量化治理成果，还能为未来的环保工作提供明确的方向和依据。本书将从多个维度探讨污染控制与治理效果评价的标准与指标，以期为环保实践提供有益的参考。

（一）污染物排放控制标准与指标

污染物排放控制是污染控制与治理的核心目标之一。因此，评价效果的首要标准便是污染物排放量的减少情况。这包括但不限于以下指标。

（1）排放总量：衡量一定时期内某地区或某行业的污染物排放总量，包括工业废气、废水、固体废物等。通过对比不同时期的排放总量，可以直观反映治理效果的改善程度。

（2）排放标准达标率：针对特定污染物，对比实际排放浓度与国家或地方规定的排放标准，计算达标率。这一指标能够反映污染物排放的合规性，是衡量治理效果的重要标准。

（3）单位产值排放强度：将污染物排放量与相应的经济产值进行比较，反映单位产值所产生的污染负担。这一指标有助于评估经济发展与环境保护之间的协调性。

（二）环境质量改善标准与指标

环境质量改善是污染控制与治理的直观体现。因此，评价效果时需要考虑以下环境质量指标。

（1）空气质量指数（AQI）：通过监测空气中的主要污染物浓度，计算 AQI 值，以评估空气质量的优劣。AQI 的持续改善是评价大气污染治理效果的重要依据。

（2）水质指数：针对地表水和地下水，通过监测水体中的污染物浓度、生物指标等，计算水质指数。水质指数的提升反映了水污染治理的有效性。

（3）土壤环境质量：通过监测土壤中的重金属、有机物等污染物含量，评估土壤环境质量的变化。土壤环境质量的改善对于保障农产品安全和生态系统健康具有重要意义。

（三）生态系统保护与恢复标准与指标

生态系统的保护与恢复是污染控制与治理的长期目标。因此，评价效果时需要考虑以下生态系统指标。

（1）生物多样性指数：通过调查区域内的物种种类和数量，计算生物多样性指数。生物多样性的增加反映了生态系统功能的恢复和提升。

（2）生态服务功能价值：评估生态系统在提供水源涵养、气候调节、土壤保持等方面的服务功能价值。这一指标有助于衡量生态系统对人类社会的贡献。

（3）生态修复项目成效：针对受损的生态系统，实施修复项目并评估其成效。通过对比修复前后的生态系统状况，可以评价修复措施的有效性。

（四）经济社会效益标准与指标

污染控制与治理不仅关注环境质量的改善，还需考虑其对社会经济发展的影响。因此，评价效果时还需考虑以下经济社会效益指标。

（1）绿色 GDP 增长率：将环境污染和资源消耗纳入 GDP 核算体系，计算绿色 GDP 增长率。这一指标能够反映环境保护与经济发展之间的协调性。

（2）环保产业发展情况：评估环保产业的规模、技术创新能力和市场竞争力等方面的发展情况。环保产业的壮大有助于推动经济结构的优化和升级。

（3）公众满意度调查：通过问卷调查等方式，了解公众对环境质量改善和污染控制的满意度。公众满意度是评价治理效果的重要社会指标。

（五）管理与政策实施效果标准与指标

管理与政策实施是保障污染控制与治理工作顺利进行的关键因素。因此，评价效果时还需关注以下管理与政策指标。

（1）政策执行力度：评估各级政府在污染控制与治理方面的政策制定、执行和监督力度。政策执行力度的提升有助于确保治理措施的有效实施。

（2）监管体系完善程度：评价环保监管体系的完备性、科学性和有效性。完善的监管体系能够及时发现和解决环境问题，推动环境治理工作的持续改进。

（3）社会参与程度：评估社会各界在污染控制与治理工作中的参与程度和支持力度。广泛的社会参与有助于形成合力，共同推动环保事业的发展。

综上所述，污染控制与治理效果评价的标准与指标涵盖了污染物排放控制、环境质量改善、生态系统保护与恢复、经济社会效益以及管理与政策实施等多个方面。这些标准与指标相互关联、相互补充，共同构成了全面评价治理效果的综合体系。通过科学合理地运用这些标准与指标，我们可以对污染控制与治理的实践效果进行客观、准确的评价，为未来环保工作提供有力的指导和支持。

二、效果评价的方法与流程

在污染控制与治理的实践中，效果评价是一项至关重要的工作。它不仅有助于我们了解治理措施的实际成效，还能为未来的环保工作提供宝贵的经验和改进方向。本书将详细探讨效果评价的方法与流程，以期为环保实践提供有益的参考。

（一）效果评价的方法

效果评价的方法多种多样，根据评价的目的和对象不同，可以采用以下几种主要方法。

（1）对比分析法：通过对比治理前后的数据，分析污染物排放量、环境质量、生态系统状况等方面的变化，从而评价治理效果。这种方法直观明了，易于操作，是效果评价中最常用的方法之一。

（2）监测与评估法：利用环境监测数据，对污染物排放、环境质量等进行定期监测和评估。通过对比监测数据的变化趋势，可以判断治理措施的有效性。这种方法具有客观性、连续性和实时性等优点。

（3）问卷调查法：通过向公众发放问卷，了解他们对环境质量、污染控制等方面的满意度和意见。问卷调查法能够直接反映公众的需求和感受，为效果评价提供重要的社会依据。

（4）专家评估法：邀请环保领域的专家对治理效果进行专业评估。专家评估法具有较高的权威性和专业性，能够为效果评价提供有力的支持。

（二）效果评价的流程

效果评价的流程通常包括以下几个步骤。

（1）明确评价目标和范围：进行评价前，首先要明确评价的目标和范围，即确定要评价哪些方面的治理效果，以及评价的时空范围。这有助于我们更加有针对性地开展评价工作。

（2）收集相关数据和信息：根据评价目标和范围，收集相关的数据和信息。这包括污染物排放数据、环境监测数据、社会经济数据等。数据的收集要确保真实、准确和完整，以便为评价提供可靠的依据。

（3）选择合适的评价方法：根据收集到的数据和信息，选择合适的评价方法。评价方法地选择应根据实际情况进行，确保评价结果的科学性和有效性。

（4）开展评价工作：按照所选的评价方法，对数据进行处理和分析，得出评价结果。评价过程中要注意数据的可比性和一致性，确保评价结果的准确性和可靠性。

（5）编写评价报告：将评价结果以报告的形式呈现出来，包括评价目标、方法、过程、结果和建议等内容。评价报告要客观、全面、准确地反映治理效果，为决策提供参考依据。

（6）结果反馈与应用：将评价结果反馈给相关部门和人员，为改进治理措施提供指导。同时，将评价结果应用于环保工作实践中，推动环境治理工作的持续改进和提升。

（三）效果评价中的注意事项

在进行效果评价时，需要注意以下几个问题。

（1）确保数据的真实性和准确性：数据的真实性和准确性是效果评价的基础。因此，在收集数据时，要确保数据来源的可靠性，避免数据造假或有误差。

（2）合理选择评价指标和方法：评价指标和方法的选择应根据实际情况进行，确保评价结果的科学性和有效性。要避免使用过于简单或片面的评价指标和方法，导致评价结果失真。

（3）充分考虑影响因素的复杂性：环境治理工作受到多种因素的影响，如政策、经济、社会等。在进行效果评价时，要充分考虑这些因素的复杂性，避免将治理效果简单归因于某一因素。

（4）强调评价的持续性和动态性：环境治理是一个长期的过程，效果评价也应具有持续性和动态性。要定期对治理效果进行评估和反馈，及时调整治理措施，推动环境治理工作的持续改进和提升。

综上所述，效果评价是污染控制与治理工作中不可或缺的一环节。通过选择合适的方法和流程，我们可以对治理效果进行客观、全面评价，为未来的环保工作提供有力的支持和指导。此外，我们还需要注意评价中的注意事项，确保评价结果的准确性和可靠性。

三、评价结果的应用与反馈

在污染控制与治理实践中，效果评价不仅是对治理措施的一次全面检验，更是推动环保工作持续改进和提升的关键环节。评价结果的应用与反馈，作为效果评价流程的最后一步，对于优化治理策略、增强治理效能以及提升公众满意度具有至关重要的作用。

（一）评价结果的应用

评价结果的应用是效果评价工作的核心目标之一。具体而言，评价结果的应用主要体现在以下几个方面。

1. 指导治理策略的优化

评价结果为治理策略的优化提供了直接的依据。通过对评价结果的深入分析，我们可以发现治理措施中的不足和短板，进而提出针对性地改进建议。例如，如果评价结果显示某地区的空气质量改善不明显，那么我们就需要对该地区的污染源进行深入调查，调整或加强相应的治理措施。同时，评价结果还可以用于比较不同治理策略的效果，从而选择更加高效、经济的治理方案。

2. 推动治理技术的创新

评价结果中反映出的治理成效和存在的问题，为治理技术的创新提供了方向。针对评价中发现的难点和痛点，我们可以组织科研力量进行攻关，研发更加先进、适用的治理技术。例如，针对某些难以降解的污染物，我们可以研发新的处理技术或寻找替代材料，以降低其对环境的危害。

3. 促进政策法规的完善

评价结果还可以为政策法规的制定和完善提供重要参考。通过对比不同地区、不同时期的评价结果，我们可以发现政策法规在实施过程中的问题和不足，进而提出改进建议。此外，评价结果还可以用于评估政策法规的实施效果，为政策调整提供科学依据。

4. 提升公众环保意识和参与度

评价结果的公开和宣传，有助于提升公众的环保意识和参与度。通过向公众展示治理成效和存在的问题，我们可以增强公众对环保工作的认识和理解，激发他们参与环保行动的热情。同时，公众对评价结果的反馈和建议，也可以为环保工作提供宝贵的参考意见。

（二）评价结果的反馈

评价结果的反馈是确保评价工作发挥实效的重要环节。有效的反馈机制能够促进信息的及时传递和问题的及时解决，从而提升环保工作的整体水平。

1. 建立多渠道的反馈机制

为了确保评价结果的及时反馈，我们需要建立多渠道的反馈机制。这包括线上和线下的反馈渠道，如官方网站、社交媒体、热线电话、邮箱等，以便公众和相关利益方能够方便地提出意见和建议。此外，我们还需要建立专门的反馈处理团队，负责收集、整理和分析反馈意见，确保每一条反馈都能得到及时、有效处理。

2. 加强反馈意见的整合与分析

对于收集到的反馈意见，我们需要进行认真的整合和分析。这包括对反馈意见的分类、统计和评估，以便我们了解公众和相关利益方对环保工作的整体满意度、存在的问题以及改进的建议。通过整合和分析反馈意见，我们可以发现治理工作中的短板和不足，为下一步的改进工作提供方向。

3. 推动反馈意见的落实与改进

反馈意见的落实与改进是评价结果反馈的最终目的。对于公众和相关利益方提出的合理建议和改进意见，我们需要认真对待并积极采纳。此外，我们还需要制定具体的改进措施和时间表，明确责任人和监督考核机制，确保改进措施能够得到有效执行并取得实效。

4. 加强评价结果反馈的宣传与教育

为了增强公众对评价结果反馈工作的认识和理解，我们需要加强相关的宣传与教育工作。这包括通过媒体、社区活动、学校课程等途径，向公众普及评价结果反馈的重要性和意义，引导他们积极参与反馈工作。此外，我们还需要及时公布评价结果反馈的处理情况和改进成果，让公众看到我们的努力和成效，从而增强他们对环保工作的信任和支持。

（三）注意事项与展望

在评价结果的应用与反馈过程中，我们需要注意以下几点。首先，要确保评价结果的准确性和可靠性，避免因为数据或方法的问题导致结果失真；其次，要注重评价结果的时效性和针对性，及时将结果应用于实际工作中并调整治理策略；最后，要加强与公众和相关利益方的沟通与互动，确保反馈意见能够得到有效处理和落实。

展望未来，随着环保工作的不断深入和公众环保意识的不断提高，评价结果的应用与反馈将发挥越来越重要的作用。我们将进一步完善评价方法和流程，以提高评价结果的准确性和有效性；同时，我们也将加强评价结果的应用和反馈机制建设，推动环保工作的持续改进和提升。

综上所述，评价结果的应用与反馈是污染控制与治理实践中不可或缺的一环节。通过科学合理地应用评价结果并建立良好的反馈机制，我们可以不断优化治理策略、推动技术创新、完善政策法规并提升公众参与度，从而为构建美丽中国、实现可持续发展做出积极贡献。

第八章 建筑市政工程施工信息化管理

第一节 施工信息化管理的概念与目标

一、信息化管理的核心概念

信息化管理，作为当今企业管理的重要组成部分，正在深刻改变着企业的运营模式和竞争格局。其核心概念涵盖了多个方面，包括信息化战略、信息系统、信息资源管理、信息安全以及信息化文化等。本书将对信息化管理的核心概念进行详细的探讨，以期深化对信息化管理的理解和应用。

（一）信息化战略

信息化战略是企业信息化管理的核心和灵魂，是企业根据市场环境、竞争态势和自身资源能力，制定的信息化发展目标和实施路径。信息化战略的核心在于通过信息技术的应用和创新，优化企业业务流程，提升运营效率，降低运营成本，增强企业竞争力。此外，信息化战略还需要考虑技术的可行性、经济性和社会效益，确保信息化建设的可持续发展。

（二）信息系统

信息系统是信息化管理的基础和支撑，是企业实现信息化战略的重要手段。信息系统包括各种软硬件设施、网络基础设施以及数据管理系统等，通过集成、整合和优化企业内外部的信息资源，实现信息的共享、流通和增值。信息系统的建设需要遵循先进性、可靠性、安全性、易用性等原则，确保信息系统的稳定运行和高效服务。

（三）信息资源管理

信息资源管理是对企业信息资源的规划、组织、控制和协调的过程，旨在实现信息资源的有效开发和利用。信息资源管理包括信息的采集、处理、存储、传输和利用等环节，需要注重信息的准确性、完整性、及时性和保密性。通过科学的信息资源管理，企业可以提高决策的科学性和准确性，提升企业的创新能力和市场响应速度。

（四）信息安全

信息安全是信息化管理的重要保障，涉及信息的保密性、完整性和可用性。随着信息技术的快速发展和广泛应用，信息安全问题日益突出，成为企业信息化管理的重点和难点。企业需要建立完善的信息安全管理体系，包括制定信息安全政策、实施信息安全技术措施、开展信息安全培训和演练等，确保信息系统的安全运行和信息的安全传输。

（五）信息化文化

信息化文化是企业信息化管理的软实力，是企业在信息化建设中形成的共同价值观和行为规范。信息化文化强调开放、创新、协作和共享的精神，倡导员工积极参与信息化建设，提升信息素养和创新能力。通过培育信息化文化，企业可以激发员工的积极性和创造力，推动信息化建设的深入发展。

（六）信息化与业务融合

信息化与业务融合是信息化管理的关键目标之一。企业需要将信息技术深度融入业务流程中，实现业务与技术的无缝对接。这种融合不仅要求信息系统能够准确反映业务需求，还需要通过技术手段优化业务流程，提高业务处理效率。此外，信息化与业务融合还需要关注跨部门和跨组织的协同，打破信息孤岛，实现信息的全面共享和流通。

（七）信息化人才培养

信息化人才培养是信息化管理持续发展的重要保障。企业需要建立完善的信息化人才培训体系，包括培养信息化专业人才、提升员工信息素养以及引进外部信息化人才等。通过加强信息化人才培养，企业可以拥有一支具备信息化思维和技能的人才队伍，为信息化建设提供有力的人才支持。

（八）信息化绩效评估

信息化绩效评估是信息化管理的重要环节，通过对信息化建设成果的评估，可以了解信息化建设的成效和不足，为今后的信息化建设提供改进方向。信息化绩效评估需要制定科学的评估指标和方法，注重评估的客观性和公正性，确保评估结果的准确性和有效性。

综上所述，信息化管理的核心概念涵盖了信息化战略、信息系统、信息资源管理、信息安全、信息化文化、信息化与业务融合、信息化人才培养以及信息化绩效评估等多个方面。这些概念之间相互关联、相互作用，共同搭建了信息化管理的完整体系。

在实践中，企业需要深入理解并应用这些核心概念，推动信息化建设的深入发展，提升企业的核心竞争力。

二、信息化管理的核心目标

随着信息技术的迅猛发展，信息化管理已经成为企业提升竞争力、实现可持续发展的关键所在。信息化管理的核心目标，是指通过科学、高效地运用信息技术，优化企业的运营流程，提升企业的管理效率，从而实现企业整体效益的最大化。本书将从多个维度深入剖析信息化管理的核心目标，并探讨如何有效实现这些目标。

（一）提升运营效率

提升运营效率是信息化管理最直接、最显著的核心目标之一。通过引进先进的信息系统和技术，企业可以自动化、智能化地处理大量数据和信息，减少人工操作的烦琐和错误，从而显著提高工作效率。例如，采用ERP（企业资源规划）系统可以整合企业内部的各项资源，实现信息的实时共享和协同工作，大大提高企业的决策效率和执行力。

（二）优化业务流程

优化业务流程是信息化管理的又一重要目标。通过信息化手段，企业可以重新设计业务流程，去除冗余环节，简化复杂流程，实现业务流程的标准化、规范化和高效化。这不仅可以降低企业的运营成本，还可以提高客户满意度和企业的市场竞争力。例如，利用BPM（业务流程管理）技术，企业可以对业务流程进行实时监控和持续改进，确保流程的高效运行。

（三）加强信息资源管理

加强信息资源管理是信息化管理的核心目标之一。随着企业规模的扩大和业务范围的拓展，信息资源的管理变得越发重要。信息化管理要求企业建立完善的信息资源管理体系，包括信息的采集、处理、存储、传输和利用等各个环节。通过有效的信息资源管理，企业可以确保信息的准确性、完整性和及时性，为企业的决策提供有力支持。

（四）提高决策水平

提高决策水平是信息化管理的核心目标之一。通过信息化手段，企业可以获取更加全面、准确、及时的信息，为企业的决策提供科学依据。同时，利用数据挖掘、人工智能等技术，企业还可以对海量数据进行分析和预测，发现潜在的市场机会和风险，从而做出更加明智的决策。这不仅可以提高企业的经营效益，还可以增强企业的抗风险能力。

（五）促进创新发展

促进创新发展是信息化管理的长远目标。信息化管理不仅可以帮助企业提升运营效率和优化业务流程，还可以为企业的创新发展提供有力支持。通过引入新技术、新应用和新模式，企业可以开发出更具竞争力的产品和服务，满足市场的多样化需求。同时，信息化管理还可以促进企业内部的知识共享和创新文化的形成，激发员工的创新热情和创造力。

（六）强化信息安全保障

强化信息安全保障是信息化管理的关键目标。随着信息技术的广泛应用，信息安全问题日益突出。信息化管理要求企业建立完善的信息安全体系，包括制定信息安全政策、实施信息安全技术措施、开展信息安全教育和培训等。通过强化信息安全保障，企业可以确保信息系统的稳定运行和信息的安全传输，防止信息泄露和滥用，维护企业的合法权益和声誉。

（七）推动组织变革

推动组织变革是信息化管理的深层次目标。信息化管理不仅是对技术层面的改造和升级，更是对企业组织结构和文化层面的深刻变革。通过信息化管理，企业可以打破传统的部门壁垒和层级界限，实现组织的扁平化和网络化，提高组织的灵活性和响应速度。同时，信息化管理还可以推动企业文化的转型和升级，形成更加开放、创新、协作和共享的企业文化。

综上所述，信息化管理的核心目标涵盖了提升运营效率、优化业务流程、加强信息资源管理、提高决策水平、促进创新发展、强化信息安全保障以及推动组织变革等多个方面。这些目标相互关联、相互促进，共同构成了企业信息化管理的完整框架。为了实现这些目标，企业需要制定科学的信息化战略、投入足够的资源和技术、培养专业的信息化人才、建立完善的信息化管理制度和流程，并不断优化和升级信息系统和技术应用。只有这样，企业才能在激烈的市场竞争中立于不败之地，实现可持续发展。

第二节　施工信息化管理体系的构建

一、信息化管理的基础架构

信息化管理的基础架构是企业实施信息化管理的重要支撑和保障，它涉及多个方面，包括技术架构、组织架构、数据架构以及安全架构等。这些架构之间相互关联、相互作用，共同构成了企业信息化管理的稳固基石。本书将从技术架构、组织架构、数据架构和安全架构四个方面详细探讨信息化管理的基础架构。

（一）技术架构

技术架构是信息化管理基础架构的核心组成部分，它决定了企业信息化系统的技术选型、系统架构以及技术集成方式。一个合理的技术架构应该具备先进性、稳定性、可扩展性和可维护性等特点。

在技术选型方面，企业需要根据自身的业务需求和技术实力，选择适合的信息技术。例如，对于需要处理大量数据的企业，可以选择大数据处理技术；对于需要实现远程办公和协作的企业，可以选择云计算和移动应用技术等。

在系统架构方面，企业需要设计合理的系统架构，包括硬件架构、软件架构和网络架构等。硬件架构要考虑设备的选型、配置和部署方式；软件架构要考虑软件的模块化、组件化和集成方式；网络架构要考虑网络的拓扑结构、通信协议和安全措施等。

在技术集成方面，企业需要考虑不同系统之间的数据交换和共享，实现信息的无缝对接和流通。这可以通过使用中间件、API（应用程序接口）等技术手段来实现。

（二）组织架构

组织架构是信息化管理基础架构的组织保障，它决定了企业信息化管理的组织体系、职责分工以及协作方式。一个合理的组织架构应该具备高效、灵活和协同等特点。

在组织体系方面，企业需要建立专门的信息化管理部门或团队，负责企业信息化管理的规划、实施和运维工作。同时，还需要建立跨部门的信息化协作机制，确保各部门之间的信息共享和协同工作。

在职责分工方面，企业需要明确信息化管理部门或团队的职责和权限，确保其能够充分发挥作用。同时，还需要明确其他部门在信息化管理中的职责和角色，形成合力推动信息化建设的深入发展。

在协作方式方面，企业需要建立有效的沟通机制和协作平台，促进不同部门之间的信息共享和协同工作。这可以通过定期召开信息化工作会议、建立信息化工作群组等方式来实现。

（三）数据架构

数据架构是信息化管理基础架构的重要组成部分，它涉及数据的采集、处理、存储和利用等方面。一个合理的数据架构应该具备准确性、完整性、一致性和安全性等特点。

在数据采集方面，企业需要建立统一的数据采集标准和规范，确保数据的准确性和完整性。此外，还需要选择适合的数据采集工具和方法，提高数据采集的效率和质量。

在数据处理方面，企业需要根据业务需求对数据进行清洗、转换和整合等操作，确保数据的准确性和一致性。此外，还需要建立数据质量监控机制，及时发现和处理数据质量问题。

在数据存储方面，企业需要选择合适的存储技术和设备，确保数据的安全性和可靠性。此外，还需要建立数据备份和恢复机制，防止数据丢失和损坏。

在数据利用方面，企业需要建立数据分析和挖掘机制，发现数据中的价值并为企业决策提供支持。此外，还需要建立数据共享机制，促进不同部门之间信息共享和协同工作。

（四）安全架构

安全架构是信息化管理基础架构的重要保障，它涉及信息系统的安全保护、风险管理和应急处置等方面。一个合理的安全架构应该具备全面性、预防性和应急性等特点。

在安全保护方面，企业需要建立完善的安全防护体系，包括网络安全、系统安全和数据安全等。网络安全要考虑网络的安全隔离、入侵检测和防御等措施；系统安全要考虑操作系统的安全配置、漏洞修复和补丁更新等；数据安全要考虑数据的加密、备份和访问控制等。

在风险管理方面，企业需要定期进行风险评估和审计，发现潜在的安全风险并采取相应的措施进行防范。此外，还需要建立安全事件报告和处置机制，及时应对和处理安全事件。

在应急处置方面，企业需要建立应急预案和处置流程，确保在发生安全事件时能够迅速响应和处理。此外，还需要定期组织应急演练和培训，提高员工的应急处理能力。

综上所述，信息化管理的基础架构是一个复杂而庞大的系统，涉及技术、组织、数据和安全等多个方面。企业需要综合考虑自身的业务需求和实际情况，制定合理的基础架构规划，并不断优化和完善基础架构的建设和管理，以确保信息化管理的顺利实施和高效运行。

二、信息化管理的系统模块

信息化管理是现代企业运营的核心要素之一，其系统模块作为支撑整个信息化体系的关键组成部分，扮演着至关重要的角色。信息化管理系统模块涉及多个方面，从基础数据管理到业务流程控制，再到决策支持系统等，这些模块之间相互关联、相互支持，共同构成了一个完整的信息化管理体系。本书将详细探讨信息化管理的主要系统模块，并分析其在企业运营中的重要作用。

（一）基础数据管理模块

基础数据管理模块是信息化管理的基石，它负责对企业各类基础数据进行统一管理和维护。这些基础数据包括员工信息、客户信息、产品信息、供应商信息等，是企业日常运营和业务开展的基础。基础数据管理模块通过建立完善的数据录入、修改、查询和统计分析功能，确保数据的准确性、完整性和及时性，为企业决策提供可靠的数据支持。

（二）业务流程管理模块

业务流程管理模块是信息化管理的核心，它通过对企业业务流程的梳理和优化，实现业务流程的自动化、标准化和高效化。该模块涵盖了订单管理、采购管理、库存管理、生产管理、销售管理等各个业务环节，通过集成化的信息系统，实现业务流程的实时监控和协同工作。业务流程管理模块不仅提高了工作效率，降低了运营成本，还加强了企业内部各部门之间的沟通和协作，提升了企业的整体运营水平。

（三）决策支持系统模块

决策支持系统模块是信息化管理的高级阶段，它运用数据挖掘、数据分析等技术手段，对企业的海量数据进行深度处理和分析，为企业决策提供科学依据。该模块通过对市场趋势、客户需求、竞争对手等信息的分析，帮助企业发现潜在商机，制定有效的市场策略。同时，决策支持系统模块还可以通过预测模型对企业的未来发展进行预测和规划，为企业的战略决策提供有力支持。

（四）办公自动化模块

办公自动化模块是信息化管理的重要组成部分，它旨在提高企业内部办公效率和协作能力。该模块通过电子邮件、在线会议、文档共享等功能，实现了企业内部的即时沟通和信息共享。办公自动化模块不仅简化了烦琐的办公流程，减少了纸质文档的使用，还提高了员工的工作效率和满意度。此外，它还有助于构建企业文化，促进员工之间的交流和合作。

（五）财务管理模块

财务管理模块是信息化管理的关键一环节，它负责处理企业的财务数据和业务，确保企业财务的准确性和合规性。该模块包括会计核算、成本控制、预算管理、资金管理等功能，通过自动化和标准化的财务处理流程，提高了财务工作的效率和准确性。同时，财务管理模块还可以提供实时财务报告和数据分析，帮助企业及时了解财务状况，做出明智的财务决策。

（六）供应链管理模块

供应链管理模块关注企业与其供应商、分销商之间的协同合作。该模块通过整合供应商信息、库存管理、物流配送等功能，实现供应链的优化和协同。通过实时跟踪和监控供应链的各个环节，企业可以确保物料供应的及时性和稳定性，降低库存成本，提高物流效率。此外，供应链管理模块还有助于企业建立长期稳定的供应商关系，提升供应链的可靠性和竞争力。

（七）客户关系管理模块

客户关系管理模块是信息化管理的重要一环节，它致力提升客户满意度和忠诚度。该模块通过客户信息管理、销售机会跟踪、售后服务等功能，全面了解客户需求和偏好，为客户提供个性化的产品和服务。同时，客户关系管理模块还可以通过数据分析和挖掘，发现客户的潜在需求和购买行为，为企业制定精准的营销策略提供支持。

（八）信息安全与风险管理模块

信息安全与风险管理模块是信息化管理的安全保障，它负责确保企业信息系统的安全性和稳定性。该模块通过采用先进的安全技术和管理手段，如数据加密、访问控制、安全审计等，保护企业信息的机密性、完整性和可用性。同时，信息安全与风险管理模块还关注信息系统的风险评估和应急处置，及时发现和应对潜在的安全风险，确保企业信息系统的持续稳定运行。

综上所述，信息化管理的系统模块涵盖了企业运营的各个方面，从基础数据管理到业务流程控制，再到决策支持等，这些模块之间相互协作、相互支持，共同推动了企业信息化管理的深入发展。在未来发展中，随着信息技术的不断创新和应用，信息化管理的系统模块将不断升级和完善，为企业创造更大的价值。

第三节　施工信息化管理平台的建设与应用

一、管理平台的功能定位

管理平台作为现代企业运营的核心工具，其功能定位不仅关系到企业内部管理的效率和效果，更直接影响到企业的整体竞争力和市场地位。一个清晰、准确的功能定位，能够使管理平台更好地服务于企业的战略目标，推动企业实现持续、稳定的发展。本书将从多个维度深入探讨管理平台的功能定位，以期为企业构建高效、实用的管理平台提供有益的参考。

（一）整合与优化资源，提升运营效率

管理平台的首要功能定位在于整合和优化企业内部的各类资源。这些资源包括人力资源、物力资源、财力资源以及信息资源等。通过管理平台，企业可以实现对这些资源的统一调度和合理配置，避免资源的浪费和重复投入。同时，管理平台还可以通过优化业务流程、提高工作效率等方式，进一步提升企业的运营效率和经济效益。

具体来说，管理平台可以通过以下方式实现资源的整合与优化：

（1）建立统一的资源管理数据库，实现各类资源的集中存储和共享；

（2）通过流程再造和标准化管理，优化业务流程，提高工作效率；

（3）利用数据分析和预测功能，为企业的决策提供科学依据，指导资源的合理配置。

（二）促进信息沟通与协作，强化团队凝聚力

管理平台在促进企业内部的信息沟通与协作方面也发挥着重要作用。通过管理平台，企业可以建立起高效的信息传递和反馈机制，确保各部门之间的信息畅通无阻。同时，管理平台还可以提供丰富的协作工具，支持团队成员之间的在线协作和实时交流，从而提升团队的凝聚力和执行力。

为了实现这一功能定位，管理平台需要具备以下特点：

（1）提供实时在线的沟通工具，如即时通信、在线会议等，方便团队成员之间的交流；

（2）建立信息共享平台，确保各部门之间的信息能够及时、准确地传递；

（3）提供任务管理和进度跟踪功能，帮助团队成员明确职责、协同工作。

（三）监控与评估业务绩效，助力决策分析

管理平台在监控和评估业务绩效方面扮演着关键角色。通过对企业各项业务的实时监控和数据分析，管理平台能够为企业提供全面、客观的绩效评估报告，帮助企业了解自身的运营状况和市场表现。同时，管理平台还可以利用数据分析工具，对企业的业务数据进行深入挖掘和分析，为企业的决策提供有力的数据支持。

为实现这一功能定位，管理平台需具备以下能力：

（1）建立完善的业务指标体系，对企业的各项业务进行量化评估；

（2）提供实时监控功能，确保企业能够及时了解业务运行的最新情况；

（3）利用数据挖掘和预测分析技术，对企业的业务数据进行深度处理和分析，为企业的决策提供科学依据。

（四）构建企业文化与品牌形象，提升市场竞争力

管理平台在构建企业文化和品牌形象方面也发挥着不可忽视的作用。通过管理平

台，企业可以传播自身的价值观和经营理念，增强员工的归属感和认同感。同时，管理平台还可以作为企业与外界沟通的窗口，展示企业的形象和实力，提升企业的市场竞争力。

为实现这一功能定位，管理平台需注意以下方面。

（1）在平台设计中融入企业的文化元素和品牌形象，体现企业的独特性和价值观；

（2）通过平台发布企业的新闻动态、成功案例等信息，展示企业的实力和成果；

（3）利用社交媒体等渠道，加强与外界的互动和沟通，提升企业的知名度和影响力。

（五）保障信息安全与合规性，降低运营风险

在信息化时代，信息安全与合规性是企业运营不可忽视的重要方面。管理平台作为企业内部信息管理和处理的核心工具，必须具备高度的信息安全保障能力和合规性管理能力。通过采用先进的安全技术和管理手段，管理平台可以确保企业信息的安全性和保密性，防止信息泄露和非法访问。同时，管理平台还可以帮助企业遵守相关法律法规和行业标准，降低运营风险。

为实现这一功能定位，管理平台需采取以下措施。

（1）建立完善的信息安全管理制度和技术防护措施，确保平台的安全稳定运行；

（2）定期对平台进行安全检查和漏洞修复，及时发现和处理潜在的安全风险；

（3）加强员工的信息安全教育和培训，提高员工的信息安全意识和防范能力。

综上所述，管理平台的功能定位涵盖了资源整合、信息沟通、业务监控、企业文化建设以及信息安全等多个方面。一个功能完善、定位准确的管理平台能够为企业带来诸多益处，包括提升运营效率、强化团队凝聚力、助力决策分析、提升市场竞争力以及降低运营风险等。因此，企业在构建管理平台时，应充分考虑自身的实际需求和发展战略，明确管理平台的功能定位，确保平台能够为企业的发展提供有力的支持。

二、平台的应用与推广策略

随着信息技术的迅猛发展，管理平台已成为企业运营不可或缺的重要工具。然而，仅仅拥有一个功能强大的管理平台并不意味着企业能够充分利用其优势，实现业务增长和竞争力提升。因此，制定一套有效的平台的应用与推广策略至关重要。本书将围绕这一主题，深入探讨如何制定并实施平台的应用与推广策略，以期为企业带来更大的商业价值。

（一）明确目标受众与市场需求

在制定平台的应用与推广策略之前，首先需要明确目标受众和市场需求。通过市场调研和数据分析，了解目标受众的行业特点、业务需求和使用习惯，以便为平台的

功能设计和推广策略提供有针对性的指导。同时，要关注市场的变化趋势和竞争格局，及时调整平台的定位和功能，以满足市场的不断变化。

（二）优化平台功能与用户体验

平台的功能和用户体验是吸引用户并留住用户的关键。因此，在制定平台的应用与推广策略时，应注重优化平台的功能和用户体验。具体而言，可以从以下几个方面入手。

（1）精简操作流程：简化用户的操作步骤，提高平台的易用性，降低用户的学习成本。

（2）提升性能稳定性：确保平台的稳定运行和快速响应，避免因性能问题导致用户流失。

（3）个性化定制：根据用户的需求和偏好，提供个性化的功能定制和界面设计，增强用户黏性。

（4）优质的客户服务：建立完善的客户服务体系，及时响应用户的问题和需求，提升用户满意度。

（三）制定多元化的推广策略

推广策略的制定应根据目标受众的特点和市场需求进行多元化设计。以下是一些常见的推广策略。

（1）线上推广：利用社交媒体、搜索引擎优化（SEO）、网络广告等手段，提高平台的网络曝光度。通过与行业媒体、专业论坛等合作，发布平台的相关资讯和案例，吸引潜在用户的关注。

（2）线下推广：组织行业活动、参加展会、举办研讨会等，与目标受众进行面对面交流，展示平台的功能和优势。此外，还可以通过合作伙伴、代理商等渠道，将平台推广至更广泛的市场。

（3）口碑营销：鼓励用户分享平台的使用经验和成果，通过口碑传播吸引更多潜在用户。可以设置用户评价、案例展示等功能，让用户更容易了解和信任平台。

（四）建立合作伙伴关系与生态圈

与合作伙伴建立紧密的合作关系，共同推广平台，可以扩大平台的影响力和市场占有率。具体而言，可以与行业内的领军企业、专业机构等建立战略合作关系，共同开展业务合作、技术研发等活动。同时，可以构建平台的生态圈，吸引更多的开发者、服务提供商等加入，共同为用户提供更丰富的服务和解决方案。

（五）定期评估与调整策略

平台的应用与推广策略并非是一成不变，而是需要定期评估和调整。通过收集用户反馈、分析数据指标等方式，了解平台的使用情况和推广效果，及时发现并解决问题。同时，要根据市场的变化和竞争对手的动态，调整策略方向和优化措施，确保平台始终保持竞争优势。

（六）强化品牌宣传与形象塑造

品牌宣传与形象塑造对于平台的应用与推广同样至关重要。通过精心设计的品牌标识、统一的视觉风格和专业的宣传资料，塑造平台的品牌形象和特色。同时，积极参与行业活动、发布行业报告等方式，提升平台的知名度和影响力。此外，还可以利用品牌故事、企业文化等元素，增强用户对平台的认同感和归属感。

（七）注重数据驱动与精准营销

在平台的应用与推广过程中，数据驱动和精准营销是提升效果的关键手段。通过对用户行为、使用习惯、业务需求等数据的深入挖掘和分析，可以更精准地定位目标受众，制定更具针对性的推广策略。同时，可以利用数据分析工具对推广效果进行实时监测和评估，及时调整策略，确保资源的有效利用和效果的最大化。

综上所述，平台的应用与推广策略需要从多个方面入手，包括明确目标受众与市场需求、优化平台功能与用户体验、制定多元化的推广策略、建立合作伙伴关系与生态圈、定期评估与调整策略、强化品牌宣传与形象塑造以及注重数据驱动与精准营销等。通过综合运用这些策略，企业可以更有效地推广管理平台，吸引更多用户，提升业务价值，进而实现企业的持续发展和竞争优势。

第四节　施工信息化技术的应用实践

一、BIM 技术在施工管理中的应用

随着信息技术的不断发展和建筑工程的日益复杂，早期传统的施工管理方式已经难以满足现代建筑行业的需求。BIM（Building Information Modeling，建筑信息模型）技术作为一种新型的数字化工具，正逐渐在建筑领域得到广泛应用。本书将深入探讨BIM 技术在施工管理中的应用，分析其优势、挑战及未来发展前景。

（一）BIM 技术概述及其在施工管理中的重要性

BIM 技术是通过数字化手段，将建筑项目的设计、施工和运营等各阶段的信息整合到一个三维模型中。这个模型不仅包含建筑的几何信息，还涵盖了材料、设备、成本、工期等多方面的信息，使项目各方能够在一个共享的平台上进行协同工作。

在施工管理中，BIM 技术的应用具有重要意义。首先，BIM 技术能够提高施工计划的准确性和可预测性，减少设计变更和返工现象，从而降低成本。其次，BIM 技术有助于优化资源配置，提高施工效率，缩短工期。此外，BIM 技术还能提升施工安全管理水平，降低事故风险。

（二）BIM 技术在施工管理中的具体应用

1. 施工进度管理

通过 BIM 技术，施工管理人员可以实时监控项目进度，对比实际进度与计划进度的差异，及时调整施工方案，确保项目按时完工。同时，BIM 技术还可以模拟施工过程中的各种情况，为制订更加合理的进度计划提供依据。

2. 施工成本管理

BIM 技术可以帮助施工管理人员精确计算工程量，预测材料需求，避免材料浪费。此外，通过 BIM 模型，还可以对施工方案进行经济性分析，选择成本最优的施工方法。在成本控制方面，BIM 技术还能实时更新成本数据，帮助管理人员及时发现和解决成本超支问题。

3. 施工质量与安全管理

BIM 技术可以辅助施工管理人员进行质量检查，通过对比 BIM 模型与实际施工情况，及时发现并纠正质量问题。同时，BIM 技术还可以对施工现场进行安全风险评估，提前识别潜在的安全隐患，制定相应的预防措施。在安全事故发生时，BIM 技术还可以提供事故现场的详细信息，为事故调查和处理提供依据。

4. 施工协调与沟通

BIM 技术为项目各方提供了一个共享的协同工作平台，使设计、施工、运营等各方能够实时共享和更新项目信息。这有助于减少信息传递过程中的误差和遗漏，提高沟通效率。此外，BIM 技术还可以进行虚拟施工模拟，帮助各方更好地理解施工过程和可能出现的问题，从而提前制定解决方案。

（三）BIM 技术在施工管理中面临的挑战与对策

尽管 BIM 技术在施工管理中具有诸多优势，但在实际应用过程中仍面临一些挑战。

首先，BIM 技术的应用需要投入大量的人力和物力资源，包括软件购买、人员培训等方面的成本。为了克服这一挑战，企业可以通过加强内部培训、优化资源配置等方式降低成本。

其次，BIM 技术的应用需要项目各方之间的紧密合作与协同。然而，在实际项目中，由于各方利益诉求不同，往往难以形成有效的合作机制。为此，可以建立明确的责任分工和利益共享机制，加强各方之间的沟通与信任，推动 BIM 技术在施工管理中的广泛应用。

（四）BIM 技术在施工管理中的未来发展前景

随着技术的不断进步和市场的逐步成熟，BIM 技术在施工管理中的应用将更加广泛和深入。未来，BIM 技术将更加注重与物联网、大数据等技术的融合，实现更加智能化、精细化的施工管理。同时，随着国家对建筑行业信息化的支持力度不断加大，BIM 技术在施工管理中的应用将得到更多政策支持和市场认可。

综上所述，BIM 技术在施工管理中的应用具有广泛的前景和潜力。通过充分发挥BIM 技术的优势，可以有效提高施工管理的效率和水平，推动建筑行业的可持续发展。

二、物联网技术在施工监控中的应用

随着科技的飞速发展，物联网技术作为信息领域的一次重大变革，正逐步渗透到各行各业，其中建筑施工行业也不例外。施工监控作为确保工程质量、保障施工安全的重要手段，早期传统的方式已经难以满足现代建筑业的需求。物联网技术的应用，为施工监控带来了革命性的改变，为施工安全、质量监控和进度管理提供了更加高效、精准的解决方案。

（一）物联网技术概述及其在施工监控中的重要性

物联网技术是指通过射频识别、红外感应器、全球定位系统、激光扫描器等信息传感设备，按约定的协议，对任何物品进行信息交换和通信，以实现智能化识别、定位、跟踪、监控和管理的一种网络技术。在施工监控中，物联网技术的重要性主要体现在以下几个方面。

首先，物联网技术能够实现对施工现场的全面监控，包括人员、设备、材料等的实时状态监测，从而及时发现并处理潜在的安全隐患。

其次，物联网技术可以提高施工监控的精度和效率，通过数据采集和分析，实现对施工过程的精确控制，提升工程质量。

最后，物联网技术还有助于实现施工信息的共享和协同，促进项目各方之间的沟通与合作，提高项目管理的整体水平。

（二）物联网技术在施工监控中的具体应用

1. 人员与设备监控

物联网技术可以应用于施工人员和设备的监控。通过佩戴带有传感器的安全帽、工作服等设备，可以实时监测施工人员的生命体征、位置信息以及工作情况，确保人员安全与健康。同时，物联网技术还可以对施工现场的设备进行实时监控，包括设备的运行状态、使用时长、维护情况等，及时发现并解决设备故障，提高设备的使用效率。

2. 材料管理

物联网技术能够实现施工材料的智能化管理。通过在材料上嵌入 RFID 标签或二维码，可以实现对材料的实时追踪和溯源。在施工过程中，可以实时掌握材料的库存情况、使用情况以及位置信息，避免材料的浪费和丢失，提高材料管理的效率和准确性。

3. 环境与安全监测

物联网技术可以实时监测施工现场的环境和安全状况。通过安装传感器，可以监测施工现场的温度、湿度、风速等环境参数，以及有害气体、粉尘等污染物的浓度。此外，还可以监测施工现场的安全隐患，如高处作业、临时用电等，及时发现并处理潜在的安全风险。

4. 进度与质量监控

物联网技术可以对施工进度和质量进行实时监控。通过采集施工过程中的数据，如混凝土浇筑量、钢筋焊接长度等，可以实现对施工进度的精确掌握。同时，通过对比实际数据与计划数据，可以及时发现施工质量问题，采取相应的措施进行处理，确保工程质量符合要求。

（三）物联网技术在施工监控中面临的挑战与对策

尽管物联网技术在施工监控中展现出了巨大的潜力，但在实际应用过程中仍面临一些挑战。首先，技术标准和协议的统一问题亟待解决，以确保不同设备之间的互联互通。其次，数据安全和隐私保护问题也需要引起足够的重视，避免信息泄露和滥用。此外，物联网设备的稳定性和可靠性也是影响施工监控效果的关键因素。

为了克服这些挑战，我们可以采取以下对策：一是加强物联网技术的研发和推广，推动技术标准和协议的统一；二是建立完善的数据安全和隐私保护机制，确保施工监控数据的安全性和合法性；三是加强对物联网设备的维护和保养，提高其稳定性和可靠性；四是加强人员培训和管理，提高施工监控人员的专业素养和技能水平。

（四）物联网技术在施工监控中的未来发展展望

随着物联网技术的不断发展和完善，其在施工监控中的应用将更加广泛和深入。未来，我们可以期待物联网技术在以下几个方面实现更大的突破。

一是实现更加智能化的施工监控。通过深度学习、大数据分析等技术手段，实现对施工现场的自动化识别和预警，提高监控的精度和效率。

二是实现更加精细化的施工管理。通过对施工过程的全面数据采集和分析，实现对施工资源的优化配置和合理利用，提高施工管理的科学性和精准性。

三是实现更加协同化的项目管理。通过物联网技术实现项目各方之间的信息共享和协同工作，促进项目管理的整体优化和提升。

综上所述，物联网技术在施工监控中的应用具有广阔的前景和巨大的潜力。我们应该充分利用物联网技术的优势，推动其在施工监控中的深入应用，为建筑施工行业的安全、质量和效率提供有力保障。

第五节　施工信息化管理的效果评价

一、信息化水平评估标准

随着信息技术的快速发展和广泛应用，信息化已经成为现代社会发展的重要标志之一。然而，不同组织和地区在信息化发展方面存在着显著的差异。为了准确衡量和评估信息化水平，制定一套科学合理的评估标准显得尤为重要。本书将探讨信息化水平评估标准的重要性、构成要素、制定方法以及应用实践，以期为相关领域的研究和实践提供一定参考。

（一）信息化水平评估标准的重要性

信息化水平评估标准是衡量一个组织或地区信息化发展程度的重要工具。通过评估标准，可以客观、全面地了解信息化建设的现状和问题，为制定针对性的发展策略提供依据。同时，评估标准还可以促进信息化建设的规范化、标准化，提高信息化应用的效率和效益。此外，评估标准还有助于推动信息化建设的国际合作与交流，促进全球信息化发展。

（二）信息化水平评估标准的构成要素

信息化水平评估标准应涵盖多个方面，以确保评估的全面性和准确性。以下是一些关键的构成要素。

（1）基础设施：包括信息网络、数据中心、终端设备等方面的建设情况。评估时应关注基础设施的覆盖范围、传输速度、稳定性以及安全性等指标。

（2）信息资源：涉及信息资源的采集、存储、处理和应用等方面。评估时应关注信息资源的丰富程度、更新频率、共享程度以及利用效率等指标。

（3）信息化应用：包括政务、教育、医疗、企业等各个领域的信息化应用情况。评估时应关注应用的广泛性、深度以及实际效果等指标。

（4）信息化人才：关注信息化人才的培养、引进和使用情况。评估时应考虑人才的数量、结构、素质以及创新能力等因素。

（5）信息化政策与法规：涉及信息化建设的规划、政策制定、法规执行等方面。评估时应关注政策的科学性、前瞻性和可操作性等指标。

（三）信息化水平评估标准的制定方法

制定信息化水平评估标准需要遵循一定的原则和方法，以确保标准的科学性、实用性和可操作性。以下是一些建议的制定方法。

（1）调研与分析：通过广泛调研和深入分析，了解国内外信息化发展的现状、趋势和经验教训，为制定评估标准提供依据。

（2）专家咨询：邀请信息化领域的专家学者参与评估标准的制定过程，提供专业意见和建议，确保标准的科学性和权威性。

（3）定量与定性相结合：在评估标准中既要包括可以量化的指标，如基础设施的覆盖率、信息资源的数量等，也要考虑定性指标，如信息化应用的实际效果、政策执行的情况等。

（4）灵活性与可扩展性：评估标准应具有一定的灵活性和可扩展性，以适应不同组织和地区信息化发展的特点和需求。同时，随着信息技术的不断发展，评估标准也应随之更新和完善。

（四）信息化水平评估标准的应用实践

信息化水平评估标准的应用实践是检验其有效性和实用性的重要环节。以下是一些应用实践的建议。

（1）定期评估：根据评估标准，定期对组织或地区的信息化水平进行评估，了解发展现状和问题，为制定改进措施提供依据。

（2）结果反馈：将评估结果及时反馈给相关部门和人员，让他们了解自己在信息化建设中的位置和存在的问题，以便及时调整和优化工作。

（3）经验分享：通过分享优秀的信息化建设案例和经验教训，促进不同地区和组织之间的交流与合作，共同推动信息化发展。

（4）政策调整：根据评估结果，及时调整和完善信息化建设的政策和法规，为信息化建设提供有力的制度保障。

信息化水平评估标准是衡量一个组织或地区信息化发展程度的重要工具。通过制定合理的评估标准并应用于实践，可以客观、全面地了解信息化建设的现状和问题，为制定针对性的发展策略提供依据。同时，评估标准还可以促进信息化建设的规范化、标准化和国际化发展。因此，我们应该加强对信息化水平评估标准的研究和制定工作，为推动信息化建设提供有力支持。

在制定和应用信息化水平评估标准过程中，我们还需要注意以下几点：一是要确保评估标准的客观性和公正性，避免个人主观臆断和偏见；二是要充分考虑不同地区和组织的差异性和特殊性，制定符合实际情况的评估标准；三是要注重评估标准的可操作性和实用性，确保能够在实际工作中得到有效应用。

总之，信息化水平评估标准是推动信息化建设的重要工具之一。通过不断完善和应用评估标准，我们可以更好地了解信息化建设的现状和问题，为制定科学的发展策略提供有力支持，从而推动信息化事业持续健康发展。

二、管理效率提升度量方法

管理效率的提升是组织持续发展和竞争力增强的关键因素。然而，如何度量管理效率的提升却是一个复杂且具有挑战性的问题。本书旨在探讨管理效率提升度量方法，为组织管理者提供一套科学、有效的评估工具。

（一）管理效率提升度量的重要性

管理效率的提升直接关系到组织的运营效果、成本控制和创新能力。通过度量管理效率的提升，组织可以及时发现存在的问题和不足，以此制定针对性的改进措施，进而提升整体运营水平。此外，度量管理效率还有助于激励员工积极参与管理改进活动，形成持续改进的文化氛围。

（二）管理效率提升度量的原则

在度量管理效率提升时，应遵循以下原则。

（1）目标导向：度量方法应紧密围绕组织的管理目标进行，确保评估结果与管理目标的一致性。

（2）科学客观：度量方法应基于客观数据和事实，避免主观臆断和偏见。

（3）全面系统：度量方法应涵盖组织管理的各个方面，确保评估结果的全面性和准确性。

（4）可操作性：度量方法应具有可操作性，便于组织管理者进行实际操作和数据分析。

（三）管理效率提升度量的方法

1. 基于财务指标的度量方法

财务指标是度量管理效率提升最直接、最常用的方法之一。常见的财务指标包括收入增长率、成本降低率、利润率等。通过比较不同时间段或不同管理策略下的财务指标变化，可以评估管理效率的提升情况。然而，财务指标具有滞后性，可能无法及时反映管理效率的变化。因此，在使用财务指标进行度量时，应结合其他方法进行综合分析。

2. 基于流程优化的度量方法

流程优化是提升管理效率的重要手段之一。通过对比分析优化前后流程的时间、成本、质量等指标，可以评估管理效率的提升情况。此外，还可以采用流程仿真、流程建模等方法对流程进行优化设计，并通过实际运行数据验证优化效果。这种方法能够直接反映管理效率的提升情况，但需要对流程进行深入分析和优化设计。

3. 基于员工满意度的度量方法

员工是组织管理的直接参与者，员工满意度的高低将直接影响管理效率的提升。通过问卷调查、访谈等方式收集员工对管理工作的满意度数据，可以评估管理效率的提升情况。员工满意度度量方法具有直观性和实时性，能够及时发现员工对管理工作的意见和建议，为改进管理提供依据。然而，员工满意度受到多种因素的影响，如工作环境、福利待遇等，因此在度量时应综合考虑这些因素。

4. 基于绩效管理的度量方法

绩效管理是组织管理的核心内容之一，通过设定明确的绩效指标和目标，可以激励员工积极参与管理活动，提升管理效率。通过对比分析不同时间段或不同管理策略下的绩效数据，可以评估管理效率的提升情况。绩效管理度量方法具有目标导向性和激励性，能够引导员工关注管理效率的提升。然而，绩效指标的设置和权重分配需要根据组织的实际情况进行合理设计，以避免出现偏差和误导。

（四）管理效率提升度量方法的应用与实践

在应用管理效率提升度量方法时，组织管理者应注意以下几点。

（1）结合组织实际情况选择合适的度量方法。不同的组织、行业和阶段可能需要采用不同的度量方法。因此，在选择度量方法时，应充分考虑组织的实际情况和需求。

（2）建立完善的数据收集和分析体系。度量管理效率需要大量的数据支持，因此组织应建立完善的数据收集和分析体系，确保数据的准确性和可靠性。

（3）注重度量结果的反馈和应用。度量结果不仅是对管理效率提升情况的评估，更是制定改进措施的重要依据。因此，组织管理者应注重度量结果的反馈和应用，及时调整管理策略和方法。

管理效率提升度量方法是组织管理者评估和改进管理工作的重要工具。通过选择合适的度量方法并注重结果的应用与实践，组织可以不断提升管理效率，实现持续发展和增强竞争力。未来，随着管理理论和实践的不断发展，管理效率提升度量方法也将不断创新和完善，为组织管理者提供更加科学、有效的评估工具。

三、信息化投资效益分析

随着信息技术的迅猛发展，信息化已经成为推动社会进步和经济发展的重要力量。在这个过程中，信息化投资作为支撑信息化建设的重要手段，其效益分析显得尤为重要。本书旨在探讨信息化投资效益分析的内涵、方法以及实践应用，以期为相关领域的决策者提供一定参考。

（一）信息化投资效益分析的重要性

信息化投资效益分析是对信息化建设项目投入与产出进行定量和定性评估的过程，其重要性主要体现在以下几个方面。

首先，效益分析有助于决策者全面了解信息化建设的投入成本和预期收益，为投资决策提供科学依据。通过对投资效益的深入分析，可以确保资金的有效利用，避免盲目投资和资源浪费。

其次，效益分析有助于优化信息化建设的资源配置。通过对比不同投资方案的效益，可以选择出最具性价比的建设方案，实现资源的优化配置。

最后，效益分析有助于推动信息化建设的持续改进。通过对投资效益的跟踪评估，可以及时发现信息化建设中存在的问题和不足，为后续的改进工作提供指导。

（二）信息化投资效益分析的方法

信息化投资效益分析的方法多种多样，以下介绍几种常用的方法。

（1）成本效益分析法：通过对信息化建设项目的投入成本和预期收益进行量化分析，计算出项目的投资回报率（ROI），以评估项目的经济效益。这种方法简单直观，但需要注意数据的准确性和完整性。

（2）风险评估法：通过对信息化建设项目的潜在风险进行识别、评估和监控，以确定项目可能面临的损失和不确定性。这种方法有助于决策者全面了解项目的风险状况，制定制定相应的风险应对措施。

（3）层次分析法：通过构建多层次结构模型，将信息化建设项目的多个目标、指标和方案进行分解和比较，以确定最优的投资方案。这种方法能够综合考虑多个因素，有助于决策者进行全面权衡。

（4）案例分析法：通过对比分析类似信息化建设项目的投资效益情况，为当前项目的投资决策提供参考。这种方法可以借鉴他人的成功经验，但需要注意案例的相似性和可比性。

（三）信息化投资效益分析的实践应用

信息化投资效益分析在实际应用中需要遵循一定的步骤和原则。以下是一些实践应用的建议。

首先，明确分析目标和范围。在进行效益分析之前，需要明确分析的目标是什么，以及分析的范围包括哪些信息化建设项目。这有助于确保分析的针对性和有效性。

其次，收集和分析相关数据。效益分析需要大量的数据支持，包括项目的投入成本、预期收益、风险状况等。需要确保数据的准确性和完整性，以便进行准确的量化分析。

再次，选择合适的分析方法。根据项目的特点和需求，选择合适的分析方法进行效益评估。可能需要综合运用多种方法，以全面评估项目的投资效益。

最后，制定改进措施并跟踪评估。根据效益分析的结果，制定针对性的改进措施，以优化信息化建设的资源配置和提升效益。同时，需要定期跟踪评估项目的投资效益，以便及时调整和改进建设方案。

（四）信息化投资效益分析的挑战与对策

尽管信息化投资效益分析具有重要意义，但在实际应用中也面临一些挑战。例如，数据收集和分析的复杂性、分析方法的局限性以及决策者主观因素的影响等。为了应对这些挑战，可以采取以下对策。

首先，加强数据管理和信息系统建设。建立完善的数据收集、整理和分析机制，确保数据的准确性和完整性。同时，加强信息系统建设，提高数据处理和分析的能力。

其次，不断完善分析方法和技术手段。随着信息技术的发展，新的分析方法和技术手段不断涌现。需要不断学习和掌握新的方法和技术，以提高效益分析的准确性和效率。

最后，加强决策者的培训和教育。决策者需要具备一定的信息化知识和分析能力，以便更好地理解和应用效益分析结果。因此，需要加强决策者的培训和教育，提高其信息化素养和决策能力。

信息化投资效益分析是信息化建设过程中不可或缺的一环节。通过科学合理地分析信息化建设的投入与产出，可以为决策者提供有力支持，促进信息化建设的健康发展。然而，信息化投资效益分析也面临着诸多挑战和困难，需要不断完善和提升。

展望未来，随着信息技术的不断发展和应用领域的不断拓展，信息化投资效益分析将呈现出更加复杂和多元化的特点。因此，需要我们不断探索和创新分析方法及技术手段，以适应信息化建设的实际需求和发展趋势。同时，也需要加强跨领域的合作与交流，共同推动信息化投资效益分析的发展和应用。

参考文献

[1] 董孟能. 房屋建筑和市政工程勘察设计质量通病防治措施技术手册 [M]. 重庆：重庆大学出版社，2019.

[2] 强万明，李照社，武杰. 建筑与市政工程见证取样工作指南 [M]. 石家庄：河北科学技术出版社，2011.

[3] 郝贵强. 河北省房屋建筑和市政基础设施工程施工图设计文件审查要点 2020 年版 [M]. 天津：天津大学出版社，2020.

[4] 楼丽凤. 市政工程建筑材料 [M]. 北京：中国建筑工业出版社，2003.

[5] 孙勇. 建筑水暖与市政工程 Auto CAD 设计 [M]. 哈尔滨：哈尔滨工业大学出版社，2010.

[6] 金孝权. 建筑工程质量员继续教育培训教程 市政工程 [M]. 南京：东南大学出版社，2014.

[7] 栾景阳. 建筑及市政园林工程标志牌设置技术规程 [M]. 郑州：黄河水利出版社，2014.

[8] 焦永达. 建筑与市政工程施工现场专业人员职业标准培训教材 施工员通用与基础知识 市政方向 第 3 版 [M]. 北京：中国建筑工业出版社，2023.

[9] 董勇. 房屋建筑和市政工程勘察设计质量通病防治措施技术手册 2021 年版 [M]. 北京：中国建筑工业出版社，2022.

[10] 胡兴福，赵研. 建筑与市政工程施工现场专业人员职业标准培训教材 质量员通用与基础知识 装饰方向 第 3 版 [M]. 北京：中国建筑工业出版社，2023.